ANTIJAGD-TRAINING

mit UWE FRIEDRICH

Christine Durm und Swen Popic

Müller Rüschlikon

Einbandgestaltung: Kornelia Erlewein

Titelbild: Jeanette Hutfluss

Bildnachweis:
Thomas Blank: S. 5; Katharina Ciola: S. 73–86; Kornelia Erlewein: S. 11; Gaby Günther: S. 6 links, 8, 13, 14, 15, 16, 17, 50–62, 68– 70, 93–100, 115–118, 138; Brigitte Henzler: S. 142; Eric Isselée©www.fotolia.com: S. 19, 20; Michael Jostmeyer: S. 28, 37, 38, 39, 40, 41, 42, 43, 45, 46, 113; Petra Laible: S. 140/141 sowie Fotos auf der Umschlagrückseite; MEV Verlag GmbH: S. 7, 10, 31, 143; Romana Popic: S. 6 rechts; Sven Wagner: S.103–112, 121–137

Eine frühere Auflage dieses Buches ist unter der ISBN 978-3-275-01982-3 erschienen.

ISBN 978-3-275-02174-1

Postfach 103743, 70032 Stuttgart
Ein Unternehmen der Paul Pietsch Verlage GmbH & Co. KG

1. Auflage 2019

Sie finden uns im Internet unter www.mueller-rueschlikon-verlag.de

Lektorat: Claudia König
Innengestaltung: Kornelia Erlewein
Druck und Bindung: Graspo CZ, 76302 Zlin
Printed in Czech Republic

Inhalt

»Hilfe! Mein Hund jagt!«

Uwe Friedrich

Die Liebe und Begeisterung für Hunde durchziehen das ganze Leben von Uwe Friedrich. Ein tauber Hovawart namens Flori war sein erster eigener Hund und seine erste richtige Herausforderung. Durch ihn und dessen Taubheit lernte Uwe Friedrich, wie wichtig Körpersprache in der Kommunikation mit Hunden ist. Vicky, eine dreijährige Deutsche Schäferhündin, holte er als fünfter Besitzer aus dem Tierheim und bildete sie innerhalb eines Jahres zu seinem Diensthund bei der Polizei aus. Und auch der »Kleine Mann«, sein Malinois-Rüde, wurde später als Diensthund in Stuttgart mit ihm »berufstätig«. Als Diensthundeführer arbeitete Uwe Friedrich viele Jahre bei der Polizeibehörde Stuttgart, merkte aber bald, dass er seine persönliche Erfüllung in dieser Arbeit nicht finden würde.
Da er seit seinem siebzehnten Lebensjahr Menschen mit Rat und Tat bei der Hundeerziehung zur Seite stand, quittierte er den Dienst bei der Polizei und gründete 1999 in Stuttgart seine erste eigene Hundeschule.
2008 fand er nach langer Suche das für seine Hundeausbildung ideale Gelände in Löffingen im Hochschwarzwald. Im »Tanneneck« entstand sein Hundezentrum TEAMCANIN. Heute befindet sich sein Trainingsgelände in Ditzingen bei Stuttgart (Baden-Württemberg).
Uwe Friedrichs ganz persönliche Leidenschaft ist die Auslastung von Hunden durch Nasenarbeit. Er bildet unter anderem Familienhunde zu Lungenkrebsdiagnostikern zur Lungenkrebs-Früherkennung in Zusammenarbeit mit Fachärzten und Kliniken aus und hat große Erfahrung in der Ausbildung von Schimmelsporen-, Sprengstoff- und Drogenspürhunden.

Sein Hauptanliegen ist jedoch der Teamgedanke des Mensch-Hund-Teams, die Alltagstauglichkeit und eine harmonische, ausgeglichene Partnerschaft zwischen Mensch und Hund.
Seine vielfältige, individuelle und professionelle Ausbildung für Menschen mit Hund liegt im Schwerpunkt auf der alltagsbezogenen Ausbildung. Themenseminare wie »Hilfe! Mein Hund jagt!«, »Golfbegleithund«, der »Familienbeschützer«, »Hilfe! Mein Hund frisst alles!« und die erfolgreiche Ausbildung von Erdnuss-Allergiewarnhunden wurden bereits von »hundkatzemaus« auf VOX dokumentiert. Herausragend bei »hundkatzemaus« war Ende 2009 die 10-teilige Ausstrahlung über die erfolgreiche Ausbildung eines ehemaligen Auslandstreuners zum Drogenspürhund. Weitere ungewöhnliche Ausbildungs-Themen von Uwe Friedrich: die erfolgreiche Ausbildung von vier Familienhunden zu Lungenkrebs-Frühdiagnostikern in Zusammenarbeit mit dem Lungenfacharzt Dr. Rainer Ehmann und der Lungenfachklinik Schillerhöhe, von Epilepsie- und Diabetes-Warnhunden, Schimmel- und Bettwanzen-Spürhunden sowie die Ausbildung von »Taps«, dem weltweit ersten Kardio-Warnhund für ein schwer herzkrankes Kind. Regio-TV produzierte eine 13-teilige Serie mit dem Titel »Menschenshund«, die 2013 ausgestrahlt wurde. 2014 folgten Filme über die Ausbildung von Diabetes-Warnhunden.
Alle Informationen über Uwe Friedrich finden Sie unter: www.teamcanin.com.

Christine Durm

Bereits von Kindesbeinen an bestand der Wunsch nach einem eigenen Hund. Schon als junger Mensch bekam sie die Chance, mit zum Teil seelisch verwundeten und dadurch verhaltensauffälligen Hunden einer Tierschützerin Zeit zu verbringen. Dadurch entwickelte sich eine bis heute vorhandene Achtung vor der Verantwortung für andere Wesen.
Nach Studium, Beruf und Familiengründung zog Tibet Terrier-Welpe »Shalu« ein. Die Entscheidung für einen Welpen als ersten Hund wurde auf Basis der Eindrücke ihrer Jugend ganz bewusst getroffen. Nach der erfolgreichen Ausbildung und Erziehung von »Shalu« und vielen Schulterblicken und Praktika in Hundeschulen, stellte sich Christine Durm der Herausforderung, mit der Labradorhündin »Kira«, einen zweiten, bereits ausgewachsenen Hund zu übernehmen. Diese Hündin aus zweiter Hand stellte aufgrund ihrer schwierigen Vergangenheit höhere Anforderungen.
Um diesen gerecht zu werden und den Hund entsprechend zu fördern und zu fordern, suchte Christine Durm Unterstützung, die sie in der Person und den methodischen Ansätzen von Uwe Friedrich/TEAMCANIN fand. Das gezielte Training, das neben der Basis- und Beziehungsarbeit auch geeignete Auslastungsmodelle im Bereich der Nasenarbeit, wie z.B. SniffleDog®, beinhaltet, war so erfolgreich, dass sie sich selbst zur TEAMCANIN-Trainerin ausbilden ließ. Seit Juli 2014 ist sie freiberuflich als Hundetrainerin in Karlsruhe und Umgebung tätig.
Die vertrauensvolle und fundierte Zusammenarbeit mit den jeweiligen Mensch-Hund-Teams, die Alltagstauglichkeit und eine harmonische, ausgeglichene Partnerschaft zwischen Mensch und Hund stehen bei ihrer Arbeit im Vordergrund. Weitere Infos unter:
www.hundesache-karlsruhe.de

Swen Popic

Als Kind blieb Swen Popic der Wunsch nach einem eigenen Hund leider verwehrt, was ihn jedoch nicht davon abhielt, gelegentlich Hunde aus der Nachbarschaft auszuführen. 1999 war es dann endlich soweit und sein gelber Labradorrüde »Mailo« zog bei ihm ein, 2001 lernte er seine Frau samt ihrem damals sechs Jahre alten Deutschen Schäferhund »Arco« kennen und das Rudel war komplett. Als Arco 2008 verstarb, zog 2009 sein mittlerweile fünf Jahre alter Deutscher Schäferhund »Aiko« ein und machte den Familienverband wieder komplett.
Mit »Aiko« kam auch immer mehr der Wunsch auf, sich mit anderen Hundeausbildungsmethoden als der üblichen Hundeplatzausbildung zu beschäftigen. Er verschlang unzählige Fachbücher und sah sich eine Vielzahl DVDs an, bis er auf das Buch »Das Teamkonzept« von Uwe Friedrich stieß. Begeistert von diesem Buch, meldete er sich umgehend zu einem Seminar von ihm an. Dabei sollte es nicht bleiben, denn er war von Uwe Friedrich und seiner Art, wie er mit Hund und Mensch kommunizierte, so fasziniert, dass er weitere Seminare besuchte und sich schließlich zum TEAMCANIN-Hundetrainer ausbilden ließ.
Sein persönliches Anliegen ist es, Hund und Halter zu einem harmonischen und respektvollen Umgang miteinander zu verhelfen, und sich dabei individuell auf jedes Mensch-Hund-Team einzustellen. So sollte jedes Training auf das jeweilige Team zugeschnitten sein und die Stärken und Schwächen beider berücksichtigt werden, um dann gezielt daran zu arbeiten.
Heute betreibt Seven Popic seine mobile Hundeschule DogConcept in Mannheim und Umgebung. Weitere Infos unter: **www.dogconcept-mannheim.de**

1 | WAS IST JAGEN?

Jagen ist ein absolut natürliches Verhalten, es ist angeboren und genetisch fest verankert, allerdings je nach Rassezugehörigkeit in bestimmten Bereichen unterschiedlich stark ausgeprägt.
Dieser Instinkt dient wild lebenden Raubtieren, wie z.B. dem Wolf, zur Nahrungsbeschaffung, um überleben zu können.
Für unsere Haushunde spielt das selbstverständlich keine tragende Rolle mehr, da sie von uns Menschen gefüttert werden und ihre Nahrung sozusagen »frei Haus« geliefert bekommen.

Hunde jagen beispielsweise, wenn sie:

- *in Mauselöchern buddeln*
- *umherfliegenden Blättern hinterherrennen, Fliegen fangen*
- *Hüten, z.B. Border Collie (Menschen in die Hacken beißen)*
- *Schatten- oder Lichtreflexe verfolgen*
- *Autos, Joggern, Radfahrern oder lärmenden Kindern hinterherjagen*
- *Fährten absuchen, Wild hetzen*

Grundsätzlich lösen Bewegung = visuell, Geräusche = akustisch, Gerüche = riechen die Jagdmotivation aus.

2 | WARUM JAGEN HUNDE?

Der Hund ist seit weit mehr als 14.000 Jahren der Begleiter des Menschen.

Ein Grund, warum der Wolf domestiziert wurde, liegt darin, dass dieser den Menschen mit seinen jagdlichen Eigenschaften ausgezeichnet unterstützen konnte und der Mensch sich dies zunutze machte.

Heute gibt es zahlreiche Jagdhunderassen, deren Jagdeigenschaften und Verhaltensweisen durch züchterische Selektion besonders hervorgehoben und andere unterdrückt wurden, um von diesen profitieren zu können.

Zucht und gewünschtes Rasseverhalten:

- *Spezifische Kombination/Ausprägung der Elemente*
- *Elemente sind nur abgeschwächt vorhanden*
- *Elemente sind hypertrophiert (verstärkt)*
- *Elemente bedingen ein vorheriges Element*
- *Die Verbindungen zwischen den Elementen sind gelöst, nähere Erläuterung unter Kapitel 4 Rassespezifisches Jagdverhalten.*

Ein Wolf hat nicht bei jedem Jagdausflug Erfolg. Würde er den biologischen Grundregeln folgen, dass ein Verhalten, welches einen Misserfolg mit sich bringt, auf Dauer seltener wird, müsste er das Jagen irgendwann einstellen. Aber durch die selbstbelohnende Komponente einzelner Jagdelemente bleibt er hoch motiviert am Ball und überlebt.

Das Jagdverhalten wird durch verschiedene Verhaltensweisen bestimmt:

- *Erste Elemente zeigen sich im Alter von 4–16 Wochen*
- *Der Unterschied liegt in der Ernsthaftigkeit des Verhaltens*
- *Die Verhaltensweisen sind genetisch fixiert*
- *Die Art der Beute muss erlernt werden*
- *Lernen durch Versuch und Irrtum (try and error)*
- *Lernen durch Beobachtung und Nachahmung (Elterntier-Mutter)*
- *Gruppendynamik (hat vielleicht schon mit anderen Hunden gemeinsam gejagt)*

2.1. Hormoncocktail mit Suchtgefahr

Jede Jagdsequenz für sich stellt selbstbelohnendes Verhalten dar. Der Körper produziert vermehrt: **Adrenalin, Noradrenalin** und **Dopamin**. Hormone sind chemische Botenstoffe, die im gesamten Körper vorkommen. Im Gehirn werden diese Hormone Neurohormone bzw. Neurotransmitter genannt. Beim Jagen spielen die Hormone Adrenalin, Noradrenalin und Dopamin eine tragende Rolle, daher möchten wir diese mit ihren Eigenschaften etwas näher beschreiben.

Adrenalin: Das sogenannte **Fluchthormon**, aber auch Botenstoff im Nervensystem, erhöht unter anderem Blutdruck, Herztätigkeit, Atmung, verstärkt die Blutgerinnung und aktiviert den Zellstoffwechsel. Zugleich erhöht es den Cortisolspiegel, es hat keine Auswirkung auf die Sexualhormone.

Noradrenalin: Das sogenannte **Kampfhormon** wirkt physiologisch nahezu wie Adrenalin und ist mit ihm verwandt. Es erhöht jedoch den Sexualhormonspiegel, wirkt lernverstärkend und senkt die Reizschwelle zur Wiederholung des gleichen Tuns (sich in Rage bringen).

Dopamin: Das ist das sogenannte **Selbstbelohnungs-hormon/Selbstbelohnungsdroge** im Hirn. Ein für den Hundehalter sehr unglückseliger Botenstoff in Bezug auf den jagenden Hund. Es schafft die freudige Erwartung, lässt ein wahres Hochgefühl entstehen, verstärkt selbst erarbeitete Lernerfolge (Aha-Effekt).

Es macht in bestimmten Bereichen auch aggressiv und ist am Sexualverhalten beteiligt. Spielt bei der Entstehung von Stereotypien (Kreislaufen, Schwanzjagen ...) eine große Rolle.

Wenn man sich das Ganze etwas durch den Kopf gehen lässt, wird einem klar, dass das Jagdverhalten ein sehr komplexes Thema ist. Es lässt sich nicht einfach mal so abstellen, diese Leidenschaft ist grenzenlos.

Denn gegen Genetik und Mutter Natur kommt man nun mal schwer an.
Aber die gute Nachricht ist, dass man es sehr wohl kontrollierbar machen kann, in dem man ein speziell auf den Typus Hund zugeschnittenes Trainingsprogramm erarbeitet. Außerdem spielen sowohl die bereits jagdlich gemachten Erfahrungen des Hundes eine bedeutende Rolle, als auch die Erziehung des Hundes bzw. die Handlungsfähigkeit des Besitzers gegenüber dem Hund. Das vorhandene Jagdangebot ist zusätzlich entscheidend.
Wo keine Hasen sind, da können auch keine gejagt werden. Will heißen, dass auch der scheinbar bravste Hund seine Jagdleidenschaft entdecken kann, wenn er einmal auf den Geschmack gekommen ist.

2.2. Jäger und Pseudojäger

Die wenigsten Hunde, die zum Leidwesen ihrer Besitzer Wild oder andere Tiere jagen, sind wirklich ausgesprochene Jäger. Aufgrund meiner mittlerweile 35-jährigen Erfahrung mit Hunden kann ich rückblickend sagen, dass ein sehr hoher Anteil der Hunde, die mir als extrem jagdmotiviert vorgestellt werden, zum größten Teil gar keine richtigen Jäger sind.
Diese Hunde betitelt man als Pseudojäger. Pseudojäger jagen nur deshalb, weil sie im Alltag keine artgerechten Ablassventile oder Auslastungsmodelle geboten bekommen, sie sind sozusagen vom Kopf her einfach unterbeschäftigt und langweilen sich teilweise auf dem Spaziergang. Infolge dessen fangen sie immer mehr an, ihren Fokus nach außen zu richten, auf der Suche nach etwas Spannendem, das sich ihnen bieten könnte.
Bei den echten Jägern stoßen wir auf das Problem, dass es aus Sicht des Hundes keine nennenswerten Alternativen gibt, mit denen sich die Jagdmotivation eindämmen lässt. Diese Hunde sind regelrecht nicht mehr ansprechbar, wenn sie Wild sehen, solche Hunde würden nie den Hasen für ein Stück Wurst oder andere Leckereien sausen lassen.
Hier muss man versuchen, einen optimalen Weg für Hund und Halter zu finden, damit beide gemeinsam gut durch den Alltag kommen. Das ist zwar oftmals nicht ganz einfach und zugegeben, nicht alle Hunde kann man rehabilitieren, aber erfahrungsgemäß lässt sich durchaus eine wesentliche Besserung des Verhaltens herbeiführen, so dass der Hund für den Besitzer in solchen Situationen führbar wird.

Typische Beutetiere, die das Jagdverhalten des Hundes auslösen können.

2.3. Kastration als Antijagdtherapie

Oftmals wird Hundehaltern empfohlen, einen jagdlich motivierten Hund kastrieren zu lassen, da er dadurch ruhiger werde und gleichzeitig das Jagdverhalten gedämpft wird.

In Bezug auf das Jagdverhalten ist gerade das Gegenteil oftmals der Fall, wie Erfahrungen der letzten Jahre durch den vermehrten Einsatz des Kastrationschips zeigen. Denn durch den Wegfall der Sexualhormone steigt wohl auch die Lust am Jagd- und Beutefangverhalten vermehrt an, man hat den Eindruck, dass der Hund nun nichts anderes mehr im Kopf hat und verstärkt auf der Suche nach Abwechslung ist.

2.4. Jagen und Aggressivität

Immer noch hält sich hartnäckig der Glaube, dass Jagdverhalten etwas mit Aggressivität zu tun hätte und dementsprechend auch durch Methoden der Aggressionskontrolle, einschließlich einer Kastration, zu beeinflussen wäre. Die Grundannahme ist sowohl aus verhaltensbiologischer als auch aus neurophysiologischer Sicht falsch. Jagdverhalten entsteht zunächst schon in einer ganz anderen Region des Gehirns, als die gesamten mit innerartlicher Aggression gekoppelten Verhaltenskomplexe.

Jagen und Aggression wird nicht von dem Sexualhormon Testosteron gesteuert. Für das Jagdverhalten ist insbesondere der sogenannte

laterale Hypothalamus, also der **untere/ seitliche Bereich des Zwischenhirns**, verantwortlich. Von dort ziehen die Fasern zum **Hirnstamm** und aus dem **Hirnstamm** ergehen dann die Befehle zu den betreffenden **Muskeln** und **Organen**. Auch die dabei beteiligten Botenstoffe sind andere als bei Aggressions- oder Stressverhalten.

Aggression dagegen entsteht im Bereich des sogenannten **Emotionsgehirns**, des **limbischen Systems**. Hier wird unter Beteiligung des **Mandelkerns** (Amygdala), des **mittleren Hypothalamus** und der **grauen Substanz** im Bereich des **Mittelhirns** eine Verhaltenssteuerung ausgelöst. Aggressive Hunde sind meist von dem sogenannten **Stresshormonsystem** gesteuert, häufig ist das **passive** Stresshormon **Cortisol** aus der **Nebennierenrinde** hier ursächlich zu nennen. Die männlichen Sexualhormone hemmen die Ausschüttung des Cortisols, Testosteron hat sozusagen eine angstlösende Wirkung, unabhängig von der Sexualität.

Verhaltensbiologisch sind bei den beiden Kategorien ebenfalls große Unterschiede festzustellen. So ist das Ziel des Jagdverhaltens eine Verringerung der Individualdistanz (man versteht darunter die Entfernung zu Individuen, die noch ohne Ausweich- oder Angriffsreaktion geduldet wird), das Packen der Beute und letzten Endes das fachgerechte Töten und Verzehren.

Das Ziel der innerartlichen Aggression ist es, störende Reize und störende Artgenossen oder andere Lebewesen aus der Individualdistanz und dem unmittelbaren persönlichen Umfeld zu entfernen und damit das äußere Gleichgewicht, die sogenannte Allostase, wieder herzustellen.

Gerade innerartliche Aggression findet nur selten ohne Vorwarnung und ohne vorangehendes Droh- oder Imponierverhalten statt. Bei der Jagd dagegen wird sofort mit voller Wucht agiert, man will das Beutetier vorher nicht unnötig warnen und in Fluchtbereitschaft versetzen.

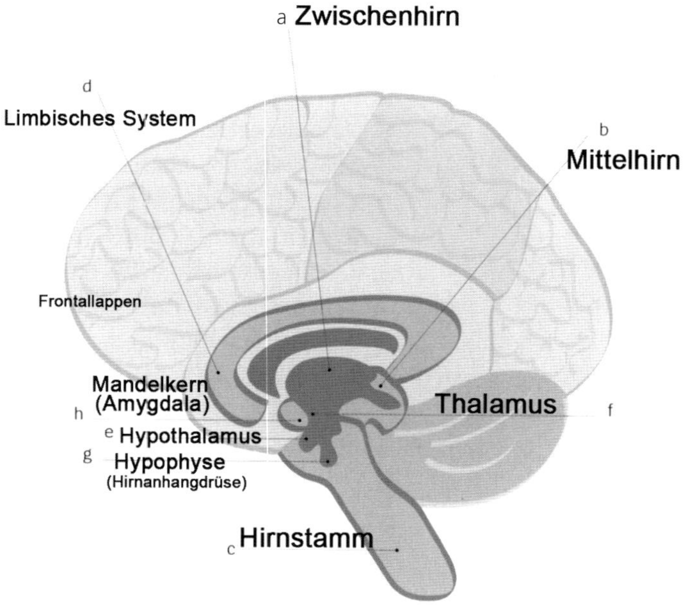

Limbisches System

3 | SEQUENZEN DES JAGDVERHALTENS

Das Jagdverhalten baut auf mehreren Verhaltensweisen auf. Die einzelnen Sequenzen 3.1. bis 3.8., auf die später noch ausführlicher eingegangen wird, wie Orten (Such- und Appetenzverhalten), Fixieren (Taxis), Anschleichen, Hetzen/Jagen, Pakken, Töten, Zerreißen, Fressen, können je nach Hund bzw. Hunderasse variieren. Geprägt durch beispielsweise Rasse, Genetik, Lernerfahrung, Aufwuchs- und Lebensbedingungen, Rudelstruktur usw.

3.1. Orten

Die erste Sequenz des Jagdverhaltens ist das Orten, mit dem Ziel, Beute ausfindig zu machen und sich dieser anzunähern. Bei diesem zunächst ungerichteten Such- oder Appetenzverhalten (= Verhalten, das ein Bedürfnis befriedigen soll) werden noch alle Sinne des Hundes angesprochen. Ein Knacken im Unterholz (akustisch), Duftspuren von Wild (olfaktorisch) oder das flüchtende Reh (visuell) aktiviert

Orten – visuell

Orten – olfaktorisch

das weitere Jagdverhalten des Hundes. Man spricht dann von gerichtetem Appetenzverhalten, da konkret Beute verfolgt wird. Mit den Augen, sofern sich das Beutetier noch in Sichtweite befindet; mit den Ohren als Reaktion auf Knacken im Unterholz, mit hoher Nase wird Witterung aufgenommen (noch räumliche Nähe zum Beutetier) und mit tiefer Nase werden Spuren von Beutetieren verfolgt (Beutetier in weiter Entfernung).

3.2. Fixieren

Durch das Auftreten der oben aufgeführten Reize, wird der Hund sehr schnell in Erregung versetzt und weiteres Jagdverhalten wird ausgelöst.

Der Blick des Hundes wird bei dieser Sequenz nicht vom Beuteobjekt abgewendet. Es kann dabei in einer bestimmten Position verharrt werden (z.B. Vorstehen, d.h. der Vorderlauf des Hundes ist angehoben) oder es wird sich langsam Richtung Beute bewegt.

Fixieren – Verharren in der Vorstehhaltung.

3.3. Anschleichen

Der Hund nähert sich konstant der Beute an, bis entweder ein Angriff möglich ist oder das Beutetier flüchtet. Die leicht geduckte und dabei stark angespannte Körperhaltung ist kennzeichnend für diese Jagdsequenz.

3.4. Hetzen/Jagen

Hierbei steht die möglichst schnelle Annäherung an die Beute im Vordergrund. Häufig ausgelöst durch das Fluchtverhalten des Beuteobjekts. Typisch hierbei der gestreckte Jagdgalopp (angelegte Ohren, gerade Rute, abgesenkter Kopf).

Dies kann lautlos geschehen oder gepaart mit den typischen Jagdlauten wie Jiffen (hervorgerufen durch jagdliche Erregung) und einer Abfolge von Belllauten (hervorgerufen durch jagdliche Frustration).

Eine häufig zu sehende Variante dieser Jagdsequenz ist der sogenannte Mäuselsprung. Hierbei werden zumeist kleine Beutetiere, z.B. Mäuse, durch einen hohen Sprung mit den Vorderpfoten erbeutet.

3.5. Packen

Die Größe des Beutetieres veranlasst den Hund, unterschiedliche Strategien anzuwenden. Der Mäuselsprung wird eher bei kleinen Beutetieren eingesetzt, mittelgroße Beutetiere werden im Nackenbereich gepackt und große Beutetiere durch Bisse in den Hals- und Nackenbereich oder durch Bisse in die Beine gepackt.

Anschleichen mit Übergang zum Hetzen.

Hetzen – Jagdgalopp

3.6. Töten

Auch beim Töten wird je nach Größe des Beutetieres eine unterschiedliche Vorgehensweise des Hundes gezeigt.

Durch den gezielten Schlag mittels der Vorderpfoten (Mäuselsprung) werden auch hier eher kleine Beutetiere getötet, die häufig nicht gezielt getötet, sondern lediglich abgeschluckt werden. Mittelgroße Beutetiere werden zunächst geschüttelt, dabei bricht die Wirbelsäule der Beutetiere, was zu deren Tod führt. Große Beutetiere werden häufig durch Risswunden im Nackenbereich bzw. durch das Aufreißen der Bauchdecke getötet. Auch ein ausdauerndes Hetzen durch den Hund hat häufig den Tod des Beutetieres zur Folge.

3.7. Zerreißen

Da Hunde zu den Carnivoren gehören, also den Beutegreifen, besitzen sie auch ein entsprechendes Fleischfressergebiss mit Fangzähnen (Eckzähne), um das Beutetier greifen und festhalten zu können, und Backenzähne (Reißzähne), um die Nahrung zu zerteilen.

Hetzen – Jagdgalopp

3.8. Fressen

Mit dem Fressen des Beutetieres endet die Jagdsequenzabfolge. Die Beute wird verzehrt oder weggetragen. Häufig kommt es vor, dass unsere Haushunde die Beute nicht fressen, da Jagen selten als Nahrungserwerb dient, sondern unabhängig vom Hungerbedürfnis durchgeführt wird.

Je weiter fortgeschritten die Jagdsequenzen sind, desto schwieriger ist es, den stark von Außenreizen gesteuerten Hund vom Jagen abzuhalten bzw. einen Abbruch der Jagd durchzusetzen. Der hilflos rufende Halter wird schlichtweg vom Hund nicht mehr wahrgenommen; ebenso werden aber auch Gefahrenquellen, wie vorbeifahrende Autos, nicht mehr registriert. Daher ist es unerlässlich, bereits im Welpenalter eine gesunde Hund-Mensch-Beziehung aufzubauen!

4 | RASSESPEZIFISCHES JAGD-

Im Laufe der Domestikation selektierte der Mensch das jeweils erwünschte Jagdverhalten. Da nicht immer alle Jagdsequenzen von Nöten waren (z.B. Fressen; der Jagdhelfer Hund sollte das Beutetier nicht selbst fressen), wurden bestimmte jagdliche Verhaltensmuster eher unterdrückt bzw. verstärkt (hypertrophiert).
Beispielsweise das Beutetragen (Retriever), das Hüten und Anpirschen (Hütehunde), das Rennen (Wind- und Schlittenhunde), die Angriffslust (Terrier).
So entstanden die heute bekannten verschiedenen Hunderassen, die sich in Jagdhunde, Hütehunde, Herdenschutzhunde, Treibhunde, Windhunde, Nordische Hunde und Gesellschaftshunde einteilen lassen. Bei den meisten Rassen haben sich zudem ganz unterschiedliche Linien entwickelt, die sich von den Charakteren her stark unterscheiden.

Die früher erwünschten Eigenschaften dieser Hunderassen wurden bzw. konnten nicht komplett weggezüchtet werden. Heute werden diese, in den Genen fest verankerten Verhaltensweisen, durch die geänderte Funktion der Mensch-Hund-Beziehung, immer weniger benötigt. Früher wichtiger Jagdhelfer, Hüter der Schafherden, Treiber von Herden ..., hat der Hund heute vielmehr die Rolle des Begleiters des Menschen.

Jagdhunde

Bei den Jagdhunden wurden im Besonderen die Elemente Orten, Fixieren, Hetzen, Packen und Töten hypertrophiert. Je nach speziellen Jagdbereichen, werden Jagdhunde wie folgt unterteilt:

Erdhunde

Bsp. Dackel, Jack Russel Terrier

Ihre Aufgabe besteht darin, in Bauten zu kriechen und die Tiere, wie z.B. Füchse, zu stellen oder herauszutreiben. Diese Hunde sind sehr wehrhaft und arbeiten selbständig.

Laufhunde

Bsp. Beagle, Deutsche Bracke

Sie durchsuchen selbständig ein größeres Gebiet und hetzen, verbunden mit den typischen Jagdlauten, aufgestöbertes Wild. In der Fachsprache nennt man dies »brackieren«.

VERHALTEN

Stöberhunde

Bsp. Cocker Spaniel, Deutscher Wachtelhund

Stöberhunde sollen Beutetiere aus dem Dickicht hoch scheuchen und zum Jäger treiben.

Apportierhunde

Bsp. Golden Retriever, Labrador Retriever

Die Arbeit der Apportierhunde beginnt nach dem Schuss. Auf Kommando des Jägers suchen und apportieren diese das Wild.

Schweißhunde

Bsp. Bloodhound, Bayrischer Gebirgsschweißhund

Hunde dieser Rassen besitzen meist mehr Riechzellen, beim Bloodhound beispielsweise sind es 500 Millionen. Im Vergleich dazu z.B. 250 Millionen beim Deutschen Schäferhund. Sie nehmen den Geruch des Blutes, in der Fachsprache »Schweiß«, auf und folgen diesem.

Vorstehhunde

Bsp. Magyar Viszla, Irish Setter

Sie gelten als Allrounder. Ihre Aufgabe besteht darin, Wild aufzuspüren, vorzustehen (Vorderlauf des Hundes angehoben), um somit dem Jäger die Richtung zu weisen, in der Wild zu finden ist. Auch bei der Stöber- und Schweißarbeit kommen Vorstehhunde zum Einsatz.

Spezialisierung der Jagdhunde in:

Solitärjäger

Diese Hunde arbeiten selbständig in allen Jagdsequenzen bis hin zum Töten, ohne Kommando des Jägers. Bsp. Dackel, Terrier

Gemeinschaftsjäger

Diese Hunde beginnen ihre Arbeit auf Kommando mit dem Jäger gemeinsam, je nach Rasse entweder vor dem Schuss (z.B. Pointer) oder nach dem Schuss (z.B. Retriever).

Meutejäger

Diese Hunde jagen in Meuten (z.B. Beagle); sie alle zeichnet der Spurwille aus. Ihre Aufgabe besteht darin, Laut gebend die Spur/Fährte des Beutetieres zu verfolgen.

Hütehunde

Bsp. Australian Shepherd, Deutscher Schäferhund

Bei Hunden dieser Rassezugehörigkeit wurden die Elemente Fixieren, Anschleichen und Hetzen hypertrophiert (stärker ausgeprägt), Packen und Töten sollen gänzlich fehlen.
Aufgrund ihrer Arbeit als Hüter der Herden, war ein schnelles Reaktionsvermögen auf kleinste Reize notwendig. Häufig ist zu beobachten, dass Hütehunderassen einen hohen Erregungslevel mit geringer Frustrationstoleranz besitzen.

Treibhunde

Bsp. Rottweiler, Australian Cattle Dog

Die Hunde dieser Rassezugehörigkeit wurden ursprünglich zum Treiben der Viehherden eingesetzt, daher sind auch hier die Elemente Fixieren, Anschleichen und Hetzen hypertrophiert. Hingegen sollte das Element Packen in den Hintergrund treten, lediglich das Zwicken der Tiere in die Fersen wird toleriert. Das Element Töten fehlt in der Verhaltenskette, da die Herde nicht gefährdet werden sollte.

Herdenschutzhunde

Bsp. Kangal, Pyrenäen-Berghund

Bei Hunden dieser Rassezugehörigkeit sollen bis auf das Element Fressen die restlichen Elemente des Jagdverhaltens fehlen. Bei ihnen setzt das Jagdverhalten erst im Alter von fünf bis sechs Monaten ein. Ihre Aufgabe bestand bzw. besteht noch heute darin, in den Gebirgsregionen Asiens sowie Süd- und Osteuropas die Herden selbständig und unabhängig zu bewachen und gegen Feinde, wie Wölfe und Bären, zu schützen. Diese Aufgabe wird sehr gewissenhaft übernommen, geprägt durch Misstrauen allem Fremden gegenüber, gepaart mit einem starken Territorialinstinkt.

Windhunde

Bsp. Saluki, Whippet

Bei Hunden dieser Rassezugehörigkeit sind die Elemente Fixieren, Hetzen, Packen hypertrophiert.

Windhunde dienten und dienen zum Teil noch heute als Jagdhelfer in den Weiten der Wüste. Es handelt sich um sehr schnelle und hochbeinige Hunde, die stark visuelle Reize wahrnehmen und daraufhin auslösen.

Nordische Hunde

Bsp. Husky, Alaskan Malamute

Hunde dieser Rassezugehörigkeit zeigen noch die komplette, ursprüngliche Reihenfolge der Jagdsequenzen – von Orten, Fixieren, Anschleichen, Hetzen, Packen bis hin zu Töten, Zerreißen und Fressen.

Gesellschaftshunde

Bsp. Papillon, Havaneser

Diese Hunde wurden nicht zur Jagd, sondern schon früh als reine Begleiter des Menschen gezüchtet. Daher sind alle Elemente des Jagdverhaltens in sehr schwach ausgeprägter Form bzw. gar nicht mehr vorhanden.

Anzusprechen wäre unter diesem Kapitel noch eine weitere Gruppe von Hunden, die nicht in die oben aufgeführten Gruppierungen einzuordnen ist, die **Straßenhunde**. Diese Hunde haben meist schon früh lernen müssen, sich selbst durch Jagen Nahrung zu beschaffen. Ein Pendant dazu sind auch die Straßenhunde, die häufig von Touristen gefüttert werden und dadurch wahre Müllschlucker sind. Auch durch das Leben auf der Straße und nicht in menschlicher Obhut, bewahren sich diese Hunde eine gewisse Unabhängigkeit und zeigen dies durch Streunen, sobald sie in menschliche Obhut gelangt sind. Je nach Ausprägung und gesammelter Lebenserfahrung in Bezug auf das Jagen, ist es sehr oft fast unmöglich, ein komplettes Einstellen des Jagens durchzusetzen.

5 | DIE 4 SÄULEN DER HUNDE-ERZIEHUNG

Das Antijagd-Training ist die Königsdisziplin der Hundeerziehung. Um damit beginnen zu können, müssen zunächst solide Grundlagen geschaffen werden. Das heißt, es muss eine gute Hund-Mensch-Bindung bestehen, deren Grundstock idealerweise bereits im Welpenalter gelegt wird. Aber auch bei Junghunden, erwachsenen Hunden, Secondhand-Hunden oder auch Straßenhunden ist ein Bindungsaufbau möglich.
Die Hundeerziehung gliedert sich in vier Bereiche, die eng ineinandergreifen und in ihrer Gesamtheit das Verhalten des Hundes bestimmen:

- **Beziehungsarbeit (Soziales Lernen)**
- **Formelle Ausbildung**
- **Häuslicher Bereich**
- **Auslastung**

Dieser gemeinsame Weg kann natürlich je nach Fähigkeiten des Hundehalters und nach Ausbildungsstand und Naturell des Hundes länger oder kürzer sein, beziehungsweise treten die einzelnen Säulen im Training unterschiedlich stark in den Vordergrund.

5.1. Beziehungsarbeit

Die Beziehungsarbeit mit dem Ziel, dem Hund gegenüber einen anderen Stellenwert zu bekommen, stellt die wichtigste und stabilste Säule der Hundeerziehung dar. Stück für Stück wird mit Hilfe diverser Auslastungsmodelle, richtigem Spiel, Elementen der formellen Ausbildung und Grenzsetzung/Regeln aus dem »Häuslichen Bereich«, die souveräne Autorität, die im Zusammenleben mit dem Hund unerlässlich ist, gestärkt. Beziehungsarbeit findet immer statt, in jeder Sekunde und von Beginn an, nicht nur auf dem Hundeplatz oder in der Welpengruppe. Hundeerziehung ist ein soziales Wechselspiel. Dieses soziale Lernen ist das Bindeglied zu den drei anderen Themenbereichen, da gerade alle Auslastungsmodelle von einer vertrauens- und respektvollen Mensch-Hund-Beziehung profitieren. Ein wesentlicher Faktor, wenn es um Beziehungsarbeit geht, ist das richtige Spiel. Neben dem hohen kommunikativen Charakter und der gleichzeitigen körperlichen Auslastung des Hundes, beinhaltet richtiges Spielen einen großen Teil Beziehungsarbeit in sich. Beim Spiel lernt man, seinen Hund richtig und gezielt zu motivieren, die Spielregeln vorzugeben und Grenzen zu setzen. Gemeinsames Spiel bringt eine Menge Spaß, wird zur Teamarbeit, zu einem Zusammenspiel, das die Beziehung stärkt und das gegenseitige Verständnis fördert. Denn ein Hund, der seinem Menschen vertraut, lernt viel leichter und ist eher bereit, etwas für seinen Menschen zu tun.

5.1.1. Handfütterung als Bindungswerkzeug

In der Regel wird der Großteil unserer Haushunde im Schnitt zweimal täglich, also einmal am Morgen und einmal am Abend, gefüttert und das möglichst noch pünktlich, z.B. um 7 Uhr und um 18 Uhr. Es gibt auch einen kleineren prozentualen Anteil unter Hundehaltern, die ihren Hunden das Futter den ganzen Tag stets zugänglich stehen lassen.

Steht die Mensch-Hund-Beziehung auf wackeligen Beinen, kann die Handfütterung ein entscheidender Faktor sein, um sich gegenüber seinem Hund mehr in den Fokus zu rücken und die Beziehung umzustrukturieren. Gerade, wenn Hunde auf Spaziergängen stark nach außen orientiert oder ambitionierte Jäger sind, kann eine durchdachte Handfütterung sehr wirkungsvoll sein und die Mensch-Hund-Beziehung neu ordnen. Denn was ist für den Hund existenzieller als sein Futter? Durch dieses Prinzip der Fütterung wird dem Hund signalisiert, dass sein Halter wichtig für ihn ist, da er nur über ihn und durch Kommunikation mit ihm an sein Futter kommt. Der Halter verdeutlicht so dem Vierbeiner, dass er die Ressourcen verteilt und Entscheidungen trifft, somit muss sich der Hund von nun an etwas anstrengen. Nun bedeutet Handfütterung aber nicht, wie viele Hundebesitzer meinen, dem Hund zu Hause das Futter statt aus dem Napf, jetzt einfach aus der Hand zu geben, denn soziale Bindung und Fokussierung auf den Menschen wird auf diese Art nicht gefördert, aber genau das will man mit der Handfütterung erreichen.

Wie sollte man die Handfütterung vorbereiten?

Zuerst sollte man wissen, wie hoch die eigentliche Futterration des Hundes ist, sprich der empfohlene Tagesbedarf. Davon empfiehlt sich $^1/_3$–$^2/_3$ der Futterration auf den gemeinsamen Spaziergängen zu geben bzw. sie den Hund erarbeiten zu lassen, der Rest sollte weiterhin über den Futternapf 2 x am Tag gegeben werden. Gerade instabile A-+B-Typen (siehe Kapitel 7.1. Der A-Typ bzw. B-Typ) benötigen Strukturen im Tagesablauf, derer man sie nicht berauben sollte, denn sie neigen dazu, sehr schnell hektisch und unruhig zu werden. Für solche Hunde wäre es nicht sehr förderlich, das komplette Futter nach draußen zu verlagern.

Durch die restliche Vergabe des Futters über zwei Mahlzeiten ist gewährleistet, dass sie nicht unnötig in Stress geraten.

Ein stabiler Hundetyp, der souverän, relaxed und cool bleibt, hätte wahrscheinlich kein Problem, wenn er sich den größten Teil seines Futters auf den Spaziergängen verdient und nur noch 1 x pro Tag gefüttert wird. Vielleicht könnte man ihn nach sorgfältiger Prüfung, wenn nötig sogar komplett draußen füttern.

Ein Hungergefühl soll sich einstellen

Um den Hund auf Handfütterung umzustellen, muss sich bei ihm ein Hungergefühl einstellen. Um dies zu erreichen, sollte die Fütterung nicht gänzlich eingestellt, sondern nur merklich reduziert werden, da der Organismus sich nach zwei bis drei Tagen darauf einstellt und zu körpereigenen Energiereserven greift und sich an den Umstand gewöhnen würde. Die Schlussfolgerung wäre kein Hungergefühl. Ganz davon abgesehen ist es nicht gesund und förderlich. Es ist nicht anders als bei uns Menschen, wenn wir pro Tag von vier gewohnten Mahlzeiten zwei Mahlzeiten einstellen, stellt sich bereits ein Hungergefühl ein und das ganz ohne Mangelerscheinungen. Für den Hund gilt das Gleiche! Es sollte in der Regel reichen, dem Hund die nächsten zwei bis drei Tage nur noch einen Teil seiner Futterration zu verabreichen und damit das gewünschte Hungergefühl herbeizuführen. Dies ist enorm wichtig, denn dadurch wird sich der Hund seinem Besitzer zunehmend annähern und seine Nähe suchen.

Zu Hause anfangen

Wie mit allem, was wir dem Hund beibringen wollen, arbeiten wir von leicht nach schwer, daher fängt man auch die Handfütterung zuerst in reizarmer Umgebung an, nämlich zu Hause. Der Hund soll von nun an etwas für sein Futter tun, das fängt man anfangs mit einem banalen Hörzeichen an, z.B. »Sitz«. Sobald sich der Hund setzt, bekommt er etwas vom Futter. Wenn der Hund sich in einem anderen Raum befindet, kann er beispielsweise gerufen werden, wenn er sofort reagiert, kommt und Blickkontakt aufnimmt, darf er wieder einen Happen bekommen. Alle zuvor in diesem Buch genannten Erziehungs- und Ausbildungselemente können einfließen, der Kreativität sind dabei keine Grenzen gesetzt, Hauptsache der Hund lernt, sich dafür anzustrengen und etwas gemeinsam mit seinem Halter zu tun.

Damit der Hund das gewünschte Verhalten konstant und in vielen Reizlagen zeigt, sollte man als nächstes im Garten üben und dann allmählich zum Spaziergang in ruhige Gegenden übergehen, bis alle Übungen ohne große Ablenkung gefestigt sind. Eine kleine Anmerkung: Denkbar und sinnvoll ist auch eine wiederbefüllbare Futtertube für Nassfutter, die sich gerade für hochwertige Belohnungen – wie z.B. den Rückruf – sehr gut einsetzen lässt.

Positives Verhalten soll sich lohnen

Investitionen des Hundes sind das Kernelement der Handfütterung und somit sollte jedes Angebot, das der Hund macht, als Geschenk angenommen werden, z.B. ein Blickkontakt. Viele Hundebesitzer schenken solchen, wenn auch nur flüchtigen Gesten des Hundes, meist gar keine Aufmerksamkeit, weil sie so damit beschäftigt sind, nur die unerwünschten Verhaltensweisen zu sehen. Also sollte man seinen Hund auf den Spaziergängen stets aus dem Augenwinkel beobachten, aber ohne das Gefühl zu vermitteln, stets auf der Hut zu sein. Man sollte aber durchaus signalisieren, dass einem auch nichts entgeht. Wenn er nach seinem Halter schaut, darf er gerne überschwänglich gelobt werden und etwas von seiner Futterration erhalten.

Wenn man merkt, dass er schnell wieder weg will, hält man ihn bei sich, bis er ein Freigabe-Signal erhält, um sich entfernen zu dürfen. Wichtig ist, dass der Hund sich stets auf seinen Halter zubewegt und nicht umgekehrt, es wird auch niemals gelockt. Eigenmotivation aus eigenem Antrieb des Hundes ist das erwünschte Verhalten. (Siehe auch Kapitel 7.5.1. Longieren.) Auf dem Spaziergang ist es nichts anderes und sollte grundsätzlich auch im Alltag so behandelt werden, denn Erziehung und Kommunikation basiert auf dem Sender- und Empfänger-Prinzip und findet immer und überall statt. Durch die steigenden Bemühungen des Hundes um seinen Halter rücken andere Attraktivitäten wie Radfahrer, Jogger oder Hasen langsam immer mehr in den Hintergrund, denn solange der Hund sich mit seinem Halter auseinandersetzt, umso weniger Zeit hat er, sich nach außen zu orientieren.

Zeitausdehnung

Wenn man merkt, dass der Hund sich einem immer mehr zuwendet, fängt man an, die Zeitabstände der Futterbestätigung auszubauen. Das bedeutet: Die Zeitspanne zwischen Kontaktaufnahme (Blickkontakt) und Futterbestätigung wird langsam immer mehr ausgedehnt, aber zwischendurch auch immer wieder durch kurze Abstände variiert, damit sich kein Gewohnheitseffekt einstellen kann. Wenn es sich am Anfang des Handfütterungsmodells nur um einfache Elemente wie Blickkontakt drehte, wird dem Hund nun stetig etwas mehr Anstrengung abverlangt. Bei der Handfütterung handelt es sich nicht um eine Maßnahme, die mal kurz für ein paar Wochen gemacht werden sollte und dann nachhaltig wirkt. Ganz im Gegenteil ist es erstrebenswert, dieses Modell über mehrere Monate beizubehalten, da es durch gezielten Einsatz im Alltag viele positive Aspekte für das Hund-Mensch-Team bereithält und richtig Spaß machen kann.

5.2. Formelle Ausbildung

Formalien, wie »Sitz«, »Platz«, »Fuß«, Leinenorientierung oder ein sicheres Abrufen, sind wichtig und unerlässlich für das Leben des Hundes in unserer Gesellschaft.

Wichtig ist, dass die Formalien mit hoher Motivation ausgeführt werden, der Hund soll Freude und Spaß bei seinem Tun haben, denn was er gerne und freudig macht, wird er gut und zuverlässig ausführen.

Nur wenn der Hund ausreichend motiviert ist, verfügt er auch über die nötige Konzentration und Aufmerksamkeit, um die von ihm geforderte Aufgabe zu verstehen.

Diese Motivation sollte in erster Linie durch den Menschen (Eigenmotivation) und nicht durch künstliche Verstärker wie Futter oder Spielzeug (Fremdmotivation) ausgelöst werden. Eigenmotivation ist alles, was der Hundehalter seinem Hund bieten kann, ohne Zuhilfenahme von Verstärkern wie Futter oder Spielzeug.

Die nonverbale Kommunikation ist für den Hund von großer Bedeutung. Zum Vermitteln der Signale sind daher Mimik, Gestik und Lautsprache wichtig.

Zur Fremdmotivation gehören Verstärker, die zusätzlich zur Eigenmotivation eingesetzt werden können, z.B. Futter, welches für den Hund im Unterschied zu Leckerchen, die lediglich einen Zusatz bedeuten, existenziell wichtig sind. Diese existenzielle Nahrung kann ganz gezielt bei der formellen Ausbildung eingesetzt werden. Die Verstärker werden immer ganz kurz zeitverzögert nach der Eigenmotivation hinzugezogen. Die Persönlichkeit eines jeden Hundehalters wird dadurch immer wichtiger und die Fremdmotivation muss nur noch sporadisch eingesetzt werden. In der formellen Ausbildung geht es besonders darum, dass der Hund nicht überfordert wird und die Lerninhalte zunächst in möglichst reizarmer Umgebung vermittelt werden, damit er sie auch versteht und sicher ausführen kann. Erst dann werden die Situationen durch immer stärkere Verleitungen erschwert. Daher sollten komplexe Handlungen, hier am Beispiel »Platz«, in Lernschritte eingeteilt werden.

Das Signal »Platz« beinhaltet unter anderem:

- **sich hinlegen,**
- **liegen bleiben,**
- **Ablenkungen widerstehen.**

Zum nächsten Lernschritt wird erst dann übergegangen, wenn der bereits gelehrte Lernschritt vom Hund verstanden ist und zuverlässig ausgeführt wird. Die Signale sollten klar und deutlich gegeben werden und mit ausreichend Motivation verbunden sein. Durch die Kombination verschiedenster Motivationsmodelle, durch den Hundebesitzer selbst, mithilfe von Futter oder Spiel, erreicht man, dass der Hund viel Spaß beim Vermitteln der zunächst fremden Signale hat.

Doch das formelle Lernen ist nur einer von vier Teilbereichen, welche die Gesamtheit der Beziehung ausmachen. Ein Hund, der im sozialen Bereich keine Grenzen akzeptiert, wird auch in der formellen Ausbildung nicht glänzen.

5.3. Häuslicher Bereich

Ein häufiges Problem ist, dass viele Hundebesitzer außerhalb der häuslichen Umgebung sehr konsequent, im Haus oder in der Wohnung hingegen sehr inkonsequent sind. Die Notwendigkeit, dass ein Hund hört, ist draußen mitunter lebenswichtig (Straßen, Jäger, andere Hunde ...), in Haus und Garten nicht.

Dazu ein Beispiel:

Wenn man mit dem Hund auf dem Hundeplatz und auf Spaziergängen konsequent den sicheren Rückruf trainiert und den Hund zusätzlich mit einer Schleppleine absichert, damit er keine »Fluchtversuche« unternehmen kann, ist das nur die eine Hälfte der Medaille. Wenn der Hund auf der anderen Seite beispielsweise im Garten die Blumen ausbuddelt, man ihn dann von der Terrasse aus zurückruft und er nicht kommt, weil er weiß, dass es für ihn ohne die Absicherung durch die Schleppleine keine Konsequenz gibt, dann lernt er vor allen Dingen Folgendes: Dass es keine allgemein gültigen Regeln gibt, dass er zuhause machen kann, was er will, und dass der Rückruf nur in bestimmten Situationen zu befolgen ist!

So gesehen fängt ein erfolgreiches Antijagdtraining zuhause an! Der Hund lernt uns in unserem gemeinsamen Zusammenleben extrem gut kennen, was nicht immer von Vorteil ist, denn er kennt dadurch auch unsere Schwächen und entwickelt Strategien, mit denen er uns manipulieren kann.

Ein weiterer Punkt ist ein zu hohes Maß an Zuwendung, das den Hund übersättigt. Der Hund sollte begreifen, dass wir für ihn nicht permanent verfügbar sind, dies sollte er bereits im Haus lernen. Den Hund zuhause mit zu viel Liebe und Aufmerksamkeit zu überschütten, hat nämlich meist zur Folge, dass er draußen auf dem Spaziergang nur wenig Orientierungsverhalten am Halter zeigt.

Sinnvoll im häuslichen Bereich ist der Aufbau der »Deckenübung«. Der Hund lernt, dass er auf ein Signal des Menschen seine Decke aufsucht und dort liegen bleibt, bis er wieder abgeholt wird. Tägliche Wiederholungen machen sie zur Normalität und die Deckenübung kann beispielsweise dann zum Einsatz kommen, wenn der Postbote an der Haustür klingelt. Gerade im häuslichen Bereich findet ganz viel Alltagsleben und damit auch viel Erziehung statt – bewusst oder unbewusst. Der Hund beobachtet und erlebt den Menschen ständig. Er studiert und kennt ihn genau. Wenn der Hundebesitzer in der Lage ist, dies zu seinen Gunsten zu nutzen, ist in der Erziehung schon sehr viel erreicht. Die Positionierung dem Hund gegenüber wird glaubwürdiger und durch die begleitenden Trainingsmaßnahmen zusätzlich gestärkt. Sie bewirken eine souveräne Autorität beim Halter und ein respektvolles Verhalten beim Hund. Es wird also nicht nur eine situative Dominanz, sondern auch eine Langzeitdominanz erreicht und kann dann beispielsweise bei Hundebegegnungen, jagdlichen Reizen usw. glaubhaft durchgesetzt werden.

Fallbeispiel »Häuslicher Bereich«

Ein Hausbesuch soll Aufschluss über das Verhalten des Hundes im häuslichen Bereich geben.
Nach dem Klingeln an der Haustüre spielte sich in diesem Fallbeispiel Folgendes ab:
Der Hund war als Erster an der Tür, um »seinen« Besuch auch als Erster zu empfangen und zu begrüßen. Seine Besitzer mussten sich »hinten anstellen« und hatten lediglich die Rolle des stillen Beobachters aus der zweiten Reihe.
Während des gesamten Hausbesuches lag der Hund permanent auf den Füßen bzw. auf dem Schoß seines Frauchens, um jede Aktion verfolgen zu können. Der Hund war während der Dauer des Hausbesuches der Schatten seiner Besitzer, verfolgte und kontrollierte diese auf Schritt und Tritt. Dieses Verhalten wurde zu diesem Zeitpunkt von den Besitzern als »schmeichelnd« wahrgenommen. Alles, was an Verstärker für den Hund draußen wichtig sein könnte, wie z.B. Futter, Spiel o.Ä., hat er drinnen eingefordert, wann immer er wollte.

Im Laufe des Gesprächs ging der Hund in die Küche und begann zunächst die »Schatzkammer« Futterschrank anzustarren. Nachdem dies von den Besitzern ignoriert wurde, steigerte der Hund immer weiter sein Aufmerksamkeit heischendes Verhalten. Er wimmerte, bellte und kratzte am Futterschrank, bis er letztendlich den Futternapf packte und in der Küche herumwirbelte. Dies führte zum gewünschten Ergebnis! Frauchen stand mit dem Satz auf: »Der Schatz hat Hunger!« und der Hund wurde gefüttert. Nach dem Fressen kam der Hund mit einem Ball im Maul in das Wohnzimmer zurück und stellte sich auffordernd neben seinen Besitzer. Dieser griff wie automatisiert nach dem Ball, warf diesen weg, ging also ohne zu zögern auf die Forderung des Hundes ein.

Der gleiche Hund zeigte aber bei einem Abklärungstermin draußen keinerlei Interesse an Interaktion mit seinen Haltern. Kein Spiel war möglich, Futter wurde vom Hund nicht angenommen.

An diesem Beispiel lässt sich erkennen, wie wichtig das Thema »Häuslicher Bereich« für die Erziehung und Ausbildung ist. Wird auf jedes subtile, fordernde Verhalten des Hundes eingegangen, steht man permanent dem Hund zur Verfügung, wird der Hund durch ein zu hohes Maß an Zuwendung übersättigt, lässt die Bereitschaft, die Motivation des Hundes, nach, sich draußen an seinem Halter zu orientieren. Dies hat ebenfalls zur Folge, dass der Hund mehr und mehr abstumpft und es immer schwieriger wird, an ihn ranzukommen.

Möchte man hier Veränderungen herbeiführen, ist es wichtig, den Hund zu Beginn des Trainings nicht komplett zu ignorieren, sondern die Aufmerksamkeit anders zu verteilen, d.h. die Aufmerksamkeit für den Hund wird reduziert und es wird das Augenmerk vielmehr auf Aktion und Reaktion (Wer bewegt wen?) gelegt. Hier sollte der Halter derjenige sein, der ein Spiel anregt oder zu körperlichem Sozialkontakt »einlädt«. Eine Umgestaltung von allen Motivationsbereichen wie soziale Zuwendung, Verstärker jeglicher Art, Sozialspiel/Spiel mit Verstärker und Futter ist die Grundlage für ein erfolgreiches weiteres Training mit dem Hund. Begonnen wird damit im häuslichen Bereich und wird dann auf alle wichtigen Erziehungs- und Ausbildungsinhalte übertragen!

»SniffleDog®«

5.4. Auslastung

Hunde sollten sowohl körperlich als auch geistig ausgelastet werden. Dabei ist die Wahl einer sinnvollen und auf den Hund und Halter angepassten Beschäftigung sehr entscheidend. Sinnvoll ist eine Beschäftigungsform vor allem dann, wenn der Hundehalter dabei im Fokus des Hundes steht, wenn er auch im Spiel das Wichtigste für seinen Hund bleibt. Gemeinsame Beschäftigung wird zur Teamarbeit, zu einem Zusammenspiel, das die Beziehung stärkt und das gegenseitige Verständnis fördert. Es gibt eine Vielzahl guter Auslastungsmodelle, die alleine mit dem Hund organisiert werden können und dabei nicht auf bestimmte Örtlichkeiten oder andere Menschen angewiesen sind. Gerade einen jagdlich passionierten Hund sinnvoll zu beschäftigen, ist von großer Bedeutung. Nasenarbeit ist eine der bevorzugten Auslastungsmodelle. Der Hund kann dabei seine Bedürfnisse ausleben. Dies können kleine Suchen auf dem täglichen Spaziergang sein oder intensive Nasenarbeit wie z.B. Fährte, Eigen- oder Mantrail, SniffleDog®, Rettungshundesport oder auch Objektsuche. Die Schwierigkeit der Arbeit kann jeweils dem Alter und dem Ausbildungsstand des Hundes angepasst werden. Ebenso sinnvoll ist das Longieren des Hundes, das viele soziale Elemente beinhaltet. Durch das Schaffen von Distanz zwischen Mensch und Hund beginnt das Tier vermehrt, auf seine Bezugsperson zu achten. Der Hund orientiert sich an der Körpersprache des Menschen und lässt sich allein damit dirigieren. Gleichzeitig werden beim Longieren auch Grenzen gesetzt, die auf Distanz Gültigkeit haben, da der Hund lernt, nicht über das Absperrband in das Kreisinnere zu kommen. Der Mensch steht wiederum im Zentrum der Aktivität des Hundes, soziales Lernen wird begünstigt und gleichzeitig ist der Hund auch körperlich ausgelastet.

»Longieren«

6 | MOTIVATION UND GRENZEN SETZEN IN DER HUNDEERZIEHUNG UND -AUSBILDUNG

6.1. Motivation

Die Grundvoraussetzung, damit man mit seinem Hund etwas tun kann, ist, dass der Hund für die zu erlernende Aufgabe entsprechend motiviert ist. Nur, wenn der Hund entsprechend motiviert ist, verfügt er auch über ausreichend Konzentration und Aufmerksamkeit, um die von ihm geforderte Aufgabe zu verstehen und auszuführen.

EGAL, WELCHES AKTIVE VERHALTEN man seinem Hund beibringen möchte, Motivation ist wichtig und darf niemals fehlen. Der Hund sollte generell an jeglichem Tun Freude haben, egal, ob es die Kommunikation mit seinem Halter oder ein Abrufen ist. Motivation bedeutet dabei nicht einfach nur die Gabe eines Futterstücks, welches der Hund zur Belohnung bekommt. Dazu gehören in erster Linie Mimik, Gestik und Körpersprache, die den Hund zu seinem Tun motivieren. Wenn man es schafft, seinem Hund Freude an der gemeinsamen Arbeit zu vermitteln, wird er in eine positive Grundstimmung geraten, die für alle Aktivitäten von großer Bedeutung ist.
Denn es ist leicht nachzuvollziehen, dass ein positiv motivierter Hund neues Verhalten schneller und nachhaltiger lernen wird, als ein gestresster oder gar verängstigter. Bei allen Fragen der Motivation geht es immer in erster Linie um das gemeinsame soziale Erlebnis von Mensch und Hund, und nicht vordergründig um Verstärker wie Futter oder Spielzeug. Diese Verstärker gehören dazu, aber das soziale Ereignis sollte immer an erster Stelle stehen. Die Person »Hundebesitzer« muss es schaffen, dass der Hund ganz wild darauf ist, etwas zu lernen. Zeitlebens sollte man als Sozialpartner erreichen, für seinen Hund spannend und interessant zu bleiben.
Motivation ist der Antrieb, der für jedes neue Element, welches der Hund lernen soll, wichtig ist. Und selbst wenn der Hund bereits etwas gelernt hat, darf die Motivation nicht wegfallen. Wenn er etwas bereits gut und zuverlässig kann, darf die Motivation zwar weniger werden, vollkommen verschwinden darf sie aber nicht.

6.1.1. Eigenmotivation

Man unterscheidet dabei zwei unterschiedliche Bereiche der Motivation, die zu Beginn der Ausbildung immer zusammengehören. Das ist einmal die Eigenmotivation, also alles, was man seinem Hund bieten kann, ohne die Zuhilfenahme von Verstärkern, wie Futter oder Spielzeug. Das Bedürfnis des Hundes nach sozialer Interaktion und nach sozialer Anerkennung ist groß, deswegen ist es so wichtig, dass man seine persönlichen Fähigkeiten als Hundehalter in die Ausbildung mit einfließen lässt und dabei nicht mechanisch vorgeht. Die nonverbale Kommunikation ist für den Hund von großer Bedeutung, deshalb setzt man zum Vermitteln von Signalen Mimik, Gestik und natürlich auch die Lautsprache ein. Es ist nicht immer einfach selbst zu beurteilen, in welchem Maße man dies im Training mit dem eigenen Hund umsetzt, aber vielleicht geben Freunde oder Bekannte gerne Feedback. Eine gute Hundeschule/gute Hundetrainer werden dies von selbst tun und nicht nur auf den Hund, sondern auch auf das Zusammenspiel und die Kommunikation zwischen Hund und Halter achten.

6.1.2. Fremdmotivation

Der zweite Teil der Motivation, der zum Vermitteln neuer Aufgaben immer dazugehören sollte, ist die Fremdmotivation. Das sind Verstärker, die zusätzlich zur Eigenmotivation eingesetzt werden können. Ein Verstärker ist z.B. Futter, welches für den Hund, wie für jedes andere Lebewesen auch, existenziell wichtig ist.

Diese existenzielle Nahrung kann ganz gezielt eingesetzt werden. Weniger existenziell sind in diesem Fall Leckerchen. Sie stellen lediglich einen Zusatz dar, das Futter hingegen ist für den Hund eine notwendige Tagesration. Wichtig ist, dass die Verstärker immer ganz kurz zeitverzögert nach der Eigenmotivation hinzugezogen werden. Dadurch erreicht man, dass die eigene Persönlichkeit immer wichtiger wird und die Fremdmotivation nur noch sporadisch eingesetzt werden muss. Der zweite Verstärker, den man je nach Veranlagung des Hundes einsetzen kann, ist das Spiel, z.B. ein Beutespiel, objektfreies Spiel, Futtermäppchensuche etc. Möglichst die ganze Palette, je abwechslungsreicher, desto interessanter und spannender ist es für den Hund. Durch die Kombination der gesamten Palette an Motivation wird erreicht, dass der Hund viel Spaß beim Vermitteln von für ihn zunächst völlig fremden Signalen hat und dies gemeinsam mit seinem Halter.

Wenn es gut läuft, ist es dann wie bei einem Schüler, der ein gutes Verhältnis zu seinem Lehrer hat und einfach daran interessiert ist, welchen Stoff ihm sein Lehrer vermitteln möchte. Auf diese Weise erreicht man, dass der Hund seinem Halter Beachtung schenkt und neugierig darauf ist, was man ihm vermitteln möchte. Sobald man merkt, dass der Hund eine Handlung in den Grundzügen freudig und gut ausführt, geht man zum Verleitungstraining über.

6.2. Grenzen setzen

Grenzen zu setzen ist ein heikler und sehr dehnbarer Begriff. Es liegt im Naturell eines Hundes, Ressourcen gegenüber Artgenossen oder auch Menschen zu verteidigen, zu jagen, sich zu behaupten und die Zähne zu zeigen.
Während der Ausbildung des Hundes wird es immer wieder zu Situationen kommen, in denen man als Halter eine Ressource verteidigen bzw. einen Besitzanspruch verdeutlichen möchte oder auch muss, beispielsweise beim Beutespiel mit dem Hund. Wenn es um Beute, respektive um ein Spielzeug geht, gelten gewisse Spielregeln und Grenzen, die gegenüber dem Hund deutlich gemacht werden sollten. Hierbei werden ganz klare Grenzen gesetzt, da dem Hund in diesem Moment nicht erlaubt wird, etwas zu nehmen (in diesem Fall das Spielzeug), was er gerne hätte.
Natürlich sind längst nicht alle Bereiche des hündischen Sozialverhaltens mit üblichen Trainingssituationen vergleichbar. Es gibt viele alltägliche Situationen, die man gerne mit seinem Hund teilen möchte, die aber voraussetzen, dass man seinen Hund unter Umständen »zwingt«, etwas nicht zu tun. Auf dem täglichen Spaziergang begegnet man immer wieder verschiedenen Menschen, schreienden Kinder, anderen Hunden

oder Hasen, Rehen und anderen Tieren. Man wird bei so viel Miteinander gar nicht darum herumkommen, dem Hund etwas zu verbieten: Hasen und Rehe jagen soll er nicht, Menschen anspringen und Jogger jagen ist tabu, permanent zu jedem anderen Hund rennen, ist verboten und alles fressen, was er so im Park findet, ist auch unerwünscht. Schließlich könnte die Frikadelle ja auch mal vergiftet sein. Genau aus diesen Gründen sollte jedem Hund ein unerlässliches Tabu-Signal, z.B. »Nein«, vermittelt werden. Das geht aber nur mit einer gewissen Form von »Zwang«, von Grenzen setzen. Wie diese Grenzen gesetzt werden, ist von Hund zu Hund unterschiedlich.

Ab dem Zeitpunkt, wo Außenreize für den Hund stärker werden, als die Motivation durch den Hundehalter, muss die begonnene Handlung mit Unterstützung von korrigierenden Einwirkungen erfolgreich abgeschlossen werden (vgl. Kapitel 6.2. Der sichere Rückruf). Grenzen setzen bedeutet immer eine korrigierende Einwirkung, um einem Hund zu vermitteln, dass er sein aktuelles Verhalten ändern oder unterlassen soll. Dieses Grenzensetzen hat aber keinesfalls den Charakter von Strafe. Denn das würde ja voraussetzen, dass der Hund sein unerwünschtes Verhalten mit Absicht ausführt und er jetzt dafür geradestehen muss. So ist es aber nicht. Man kann seinen Hund nur in der Zeit beeinflussen, in der das Lernen aktiv stattfindet. Wenn der Hund beispielsweise gerade im Begriff ist, einen gammeligen Burger vom Boden zu fressen, im gleichen Moment aber das Tabu-Signal »Nein« ausgesprochen wird und dieses akustische Signal mit einer der Situation und dem Hund angemessenen aversiven Handlung verbunden wird, dann ist das keine Strafe, sondern eine korrigierende Einwirkung. Wenn man sich diese Tatsache stets vor Augen hält, fällt es zukünftig bestimmt leichter, seinem Hund gegenüber nicht ungerecht zu werden. Als Hundehalter ist man in der Rolle des Lehrers, Ausbilders oder Erziehers und möchte seinem Hund etwas vermitteln. Dabei haben ein »dicker Hals« und unkontrollierte Gefühlsausbrüche nichts verloren.

7 | INHALTE TEAMCANIN-ANTIJAGDTRAINING

Bevor mit dem eigentlichen Training begonnen wird, ist es wichtig, den eigenen Hund genau zu analysieren (Stärken, Schwächen, Temperament, Frustrationstoleranz, ...), um ein optimales Training dem jeweiligen Hundetyp anzupassen. Dazu werden Hunde in zwei unterschiedliche Typen eingeteilt.

7.1. Der A-Typ bzw. der B-Typ*

Diese Unterteilung von Grundpersönlichkeiten stammt aus der Humanpsychologie und kann, wie aus Persönlichkeitsforschungen, die parallel an Menschen und Tieren hervorgeht, durchaus auch auf unsere Haushunde übernommen werden. Man unterscheidet dabei zwei Persönlichkeitstypen, den A- und den B-Typ.

In der Fachwelt bezeichnet man den A-Typ als wagemutig und den B-Typ als eher scheu.

Die Untersuchung an Menschen belegte auch, dass A-Typen eher dazu neigten, bei Langzeitstress mit Herzkreislauferkrankungen zu antworten, wo hingegen sich bei B-Typen eher Infektionskrankheiten, Diabetes, andere Stoffwechselkrankheiten oder gegebenenfalls auch Tumore bildeten. Hintergrund dieser gesundheitlichen Unterschiede sind die Reaktionsmuster beider Typen.

Des Weiteren unterscheidet man bei diesen Typen auch noch in stabile und instabile Varianten, also stabiler A-Typ/instabiler A-Typ sowie stabiler B-Typ/instabiler B-Typ. Um eine Einschätzung abgeben zu können, welchem Typ der Hund angehört, haben sich sogenannte Anamnese/Ursachenanalysen (Ursachenforschung) als sehr hilfreich im Hinblick auf eine Verhaltensanalyse erwiesen. Diese Bedarf es zu erstellen, um eine solide Ausgangsbasis für ein erfolgreiches Trainings-/Therapieprogramm für Hund und Halter zu erreichen.

Reaktionsmuster des A-Typs

Der A-Typ reagiert bei lang andauernder und nicht bewältigbarer Stressbelastung überwiegend mit einer Aktivierung des Adrenalin-/Noradrenalin-Systems, gesteuert durch das Nebennierenmark mit folgenden Auswirkungen:

- ***Aktivierung des Herz-Kreislaufsystems (Anstieg von Blutdruck und Herzfrequenz)***
- ***Beschleunigung der Atmung, Steigerung der Durchblutung u.a. der Muskeln, der Sinnesorgane und der Hirndurchblutung***
- ***Verminderung der Durchblutung der Verdauungsorgane***

Verhaltensmuster des A-Typs

Im Verhalten zeichnet sich die Persönlichkeit des A-Typs durch Schnelligkeit aus und zeigt bei neuen und unbekannten Situationen Selbsterkundungsverhalten. Wenn Probleme auftreten, will er diese durch aktives Handeln lösen. Bei gleichbleibenden Lebensumständen ist er daher schneller in der Lösung von Problemen, hat jedoch auch eine geringere Frustrationstoleranz und ist bei nicht lösbaren Problemen bzw. durch sich ändernde Umstände oft schnell überfordert.

* Die in diesem Abschnitt kursiv gesetzten Passagen sind mit freundlicher Genehmigung der Autorin Sophie Strodtbeck übernommen aus ihrem Artikel »Stress beim Hund – Reaktionstypen und Stressfolgen«, erschienen in der Zeitschrift Wuff (Ausgabe 10/2011).

Zusammenfassend kann man sagen: Der A-Typ ist extrovertiert, neugierig und erkundungsfreudig, in Stresssituationen zeigt er sich durchaus souverän. Der instabile A-Typ ist in Stresssituationen weniger souverän und verfügt auch nur über eine geringe Frustrationstoleranz in Konfliktsituationen. Damit ist er meist schnell überfordert, was ihn durchaus unbeherrscht erscheinen lässt und in gewissen Situationen auch ein Stück weit unberechenbar. In solchen Situationen kann es dann auch zu Übersprungshandlungen und Beschädigungsbeißen kommen.

Stressfolgen beim A-Typ

In der sozialen Verhaltensforschung bezeichnet man die A-Typen außerdem als subdominant, da sie sich auch in rangtiefen Positionen kaum einschränken lassen und versuchen, ihre Freiräume durch ständiges Aktiv-sein zu sichern. Auch in Zeiten einer Unterbeschäftigung wird der A-Typ immer etwas zu tun finden. Ob er dann vor Langeweile die Tapeten von den Wänden zieht, die Steuererklärung zu Konfetti verarbeitet oder eine Stereotypie oder eine andere Zwangshandlung entwickelt – er wird in jedem Falle nicht depressiv in der Ecke sitzen.

Reaktionsmuster des B-Typs

Der B-Typ reagiert bei Dauerbelastung eher mit der Aktivierung des sogenannten Glucocorticoid-Systems, d.h. mit den Hormonen der Nebennierenrinde. Das Cortisol ist bei diesem Typ Hund das Haupthormon. Der B-Typ reagiert dadurch bei lange andauernden Belastungssituationen mit einer Unterdrückung des Immunsystems mit folgenden Auswirkungen:

- ***Anfälligkeit für Krankheiten,***
- ***Parasiten, Tumore***
- ***Anstieg von Autoimmunkrankheiten***
- ***Neigung zu Diabetes, Leber- und Nierenerkrankungen***

Verhaltensmuster des B-Typs

Im Verhalten zeichnet sich die Persönlichkeit des B-Typs durch innere Ruhe und Gelassenheit aus. Er zeigt sich in neuartigen, ihm unbekannten Situationen eher zurückhaltend, beobachtend und strategisch, man kann auch sagen, er ist introvertiert. In Konfliktsituationen verhält sich ein stabiler B-Typ genauso souverän wie ein stabiler A-Typ.
Der instabile B-Typ ist eher stark zurückhaltend, in sich gekehrt und durchaus unsicher. Dieser Hundetyp ist bei drohenden Konfliktsituationen stets auf Rückzug und Konfliktvermeidung bedacht. Sollte der instabile B-Typ in solchen Situationen keinen Ausweg mehr für sich sehen, kann er aggressiv und bissig reagieren.

Stressfolgen beim B-Typ

Die Verhaltensauswirkungen des Cortisolsystems gehen von allgemeiner Aktivitätsdämpfung bis hin zu depressiver Verstimmung, Lern-, Konzentrations- und Gedächtnisschwäche, Angstreaktionen, Panikverhalten, Angstaggression. Auch bestimmte Formen der Territorialaggression, der Leinenaggression und auch der Futteraggression sind durch Cortisol gesteuert. Das schwindende Selbstbewusstsein dieser Tiere kann im Laufe einer längeren Stressperiode bis zur sogenannten erlernten Hilflosigkeit führen. Bei diesem fortgeschrittenen Stadium der psychischen Cortisolüberforderung verliert der

Hund jegliches Selbstvertrauen, reagiert fast überhaupt nicht mehr auf Außenreize und wartet nur noch darauf, dass alles Böse der Welt möglichst schadlos an ihm vorbeigehen möge – oder dass ihm der Himmel doch noch auf den Kopf fällt …
Hunde, die unter solchen extremen Wirkungen leiden, findet man einerseits bei falschen, gewalttätigen oder zu rigorosen Ausbildungsmethoden, andererseits aber auch dann, wenn ihre Halter durch jegliche Inkonsequenz und Planlosigkeit im Alltag für die Hunde nicht berechenbar sind, und schließlich auch bei einer zu frühen und zu schnellen Hereinnahme in Ausbildungsgänge und bei allzu intensiven sportlichen Aktivitäten. In jedem Falle sieht man dann einen Hund, der mit hängendem Kopf, hängenden Ohren und hängender Rute passiv und an der Umwelt desinteressiert hinter oder neben dem Menschen hertrottet und nicht einmal mehr zum Schnuppern, Lauschen oder Sich-Umschauen Lust hat. Diese Hunde sind auch nicht mehr in der Lage, wenn der Mensch plötzlich nichts tut, sich auch nur einige Minuten selbst zu beschäftigen, Erkundungsverhalten zu zeigen oder gar mit einem Objektspiel oder mit einer anderen selbst gesteuerten freudigen Tätigkeit die Zeit zu vertreiben. Vielmehr sitzen sie entweder teilnahmslos oder fiepend neben dem passiven Menschen und versuchen verzweifelt, diesen wieder als Animateur zu aktivieren.

Das Endstadium

Im Endstadium letztlich ist aber für jeden Hund, egal ob A- oder B-Typ, irgendwann diese Phase des Widerstands und des Sich-anpassen-Wollens vorbei. Dabei kommt es meist zu Stresserkrankungen und chronischen Gesundheitsschäden, gekoppelt mit Erschöpfungszuständen. Hier ist buchstäblich der Akku leer, die Tiere sind ausgezehrt, kraftlos und daher auch für minimalste Infektionen oder andere Krankheiten, wie schon erwähnt, anfällig. Eine Erholung ist dann nur noch sehr schwer möglich.

Reaktionstypen und Stressfolgen

Die Einstellung zum Stress beim Hund variiert bei Hundehaltern zwischen zwei Extremen. Da gibt es zum einen diejenigen, die nach dem Motto »Nur keinen Stress« ihren Hund am liebsten vor jeder Aufregung und gar vor jeder schwierigen Situation bewahren möchten. Auf der anderen Seite findet man Hundehalter, die mit der Aussage »Da muss der jetzt durch« den Hund – selbst wenn dieser panisch dreinschaut, zittert und hechelt – noch durch jede Aufregung schleppen. Schon im Umgang mit dem eigenen Stress sind Menschen häufig sehr emotional und wenig informiert. Daher ist es dringend erforderlich, vor der genaueren Betrachtung des Themas in Bezug auf den Hund ein paar allgemeine Bemerkungen zum Stress zu machen.
Das beginnt bereits mit der Frage, was Stress eigentlich ist. Vielfach wird dann auch noch von positivem und negativem Stress, von Eustress und Disstress gesprochen und dann weiß gar niemand mehr, was eigentlich gemeint ist.

Was ist Stress?

Eine sehr gute und umfassende Stressdefinition gibt der britische Tierschutzforscher Donald Broom, wenn er sagt: »Stress findet dann statt, wenn die Anpassungsfähigkeit eines Tieres überfordert wird und dadurch das Tier auf lange Sicht Nachteile für Gesundheit oder Fortpflanzungsfähigkeit erleidet.« Mit dieser Definition sind eine ganze Menge Missverständnisse ausgeschlossen. Hier gibt es dann auch keinen po-

sitiven und negativen Stress mehr, denn wenn jemand einen Herzinfarkt erleidet, weil er gerade im Lotto gewonnen hat, ist er ebenso tot wie derjenige, der ihn erlitten hat, weil gerade sein Haus abgebrannt ist.

Die Anpassungsfähigkeit überfordern kann aber auch bedeuten, dass das Tier an sich unterfordert ist. Wer kennt nicht die Hunde, die aus Langeweile und Reizarmut in Verhaltensstereotypien verfallen oder sonstige Auffälligkeiten zeigen, im schlimmsten Fall bis zur Selbstverstümmelung. Oder diejenigen, die dann als Reaktion auf die mangelnden Umweltreize einfach nur noch untätig herumliegen und gar nichts tun. Auch das sind Stresserscheinungen.

Eine weitere wichtige Botschaft, die bereits durch den Titel des Beitrags anklingt, ist, dass wir nicht erkennen können, ob eine bestimmte Situation für einen Hund Stress bedeutet oder ob er sie noch als Aufregung, Herausforderung oder Stimulation betrachtet.

Stressanzeichen beim Hund

Jeder Hundehalter sollte lernen, Stressanzeichen zu erkennen und auf sie bei seinem Hund zu achten. Hecheln, Speicheln, Zittern, langgezogene runde Mundwinkel, hängende, nach hinten geklappte Ohren, eine geduckte Körperhaltung etc. sind deutliche Anzeichen dafür, dass sich der Hund in einer Situation unwohl fühlt. Dann muss man reagieren, auch wenn man selbst in der Situation überhaupt kein Problem sieht oder andere Hunde damit keinen Stress haben.

Beispiele für Stressoren

Mit Stress verbindet man beim Menschen oft Arbeitsüberlastung, Reizüberflutung oder Überbelastung durch ungelöste soziale Probleme. Diese Faktoren sind sicherlich auch für Hunde als wichtige Stressoren zu benennen. Viele Hunde, die zu früh, zu heftig oder mit falschen Methoden in eine sportliche oder andere »Ausbildungskarriere« gezwungen werden, Hunde, die von Umweltreizen überflutet werden oder in unklaren Beziehungen mit vierbeinigen und zweibeinigen Familienmitgliedern leben, Hunde, die trauern, wie auch Hunde, die völlig regel- und führungslos leben, sind zweifellos potentielle Patienten in der Stresspraxis. Jedoch sind auch für Hunde Umweltfaktoren, wie etwa Kälte oder Hitze, Hunger oder auch Krankheiten, Narkosen, Verletzungen mit schwerem Blutverlust etc., ebenso stressauslösend und dürfen bei der Betrachtung der Folgeerscheinungen nicht vergessen werden.

Die Stressphasen

Wenn ein Tier in einer unbewältigbaren Situation leben muss, finden wir normalerweise eine mehrstufige Stressreaktion, wobei Länge und Intensität der jeweiligen Phasen z.B. von der Persönlichkeit, der Heftigkeit der jetzigen und früheren Erfahrungen und auch von Zufallsfaktoren, wie Tageszeit und anderen Einflüssen, nicht frei sind.

Die erste Phase ist beim Menschen wie beim Tier die Akutphase. Hierbei werden alle Stresshormonsysteme aktiviert, das Tier bemüht sich zunächst, dem Stressor zu entkommen, sei es durch Flucht, Angriff oder einfach durch Stillhalten, also entweder durch ein aktives oder ein passives Verhalten. In dieser Zeit reagieren alle inneren Organe mit erhöhter Alarmbereitschaft. Die Akutphase ist in der Regel schon nach wenigen Sekunden messbar und kann je nach Persönlichkeit des Tieres auch einen oder mehrere Tage andauern. (Die Stresshormone Katecholamine und Cortisol lassen sich im Speichel und

im Urin bestimmen. Solche Untersuchungen sind aber deswegen nicht unproblematisch, da sie selbst die Ursache für Stressaufkommen sein können.
Im Anschluss daran kommt es zur sogenannten Anpassungsphase, in der der Organismus versucht, sich selbst an die geänderten und offenbar nicht durch eigenes Zutun veränderbaren Umweltbedingungen anzupassen. Hier zeigt sich dann bereits, welchen Persönlichkeitstyp wir vor uns haben (Gansloßer 1998, Holst 1998).

7.2. Leinenorientierung

Eine gute Leinenorientierung ist viel mehr als »nur« eine konditionierte Formalie – es ist ein Stück Lebensqualität und Freiheit für Hundehalter und Hund. Leinenorientierung bedeutet eine Orientierung am Hundehalter unabhängig von Futter und Spielzeug, auch unter Ablenkung von Außenreizen, und ist eine Grundlage für einen harmonischen Spaziergang mit Freilauf des Hundes. Denn wie soll der Hund bei Auftauchen von Wild in der Lage sein, sich am Halter zu orientieren, wenn er sonst an der Leine zerrt und seiner eigenen Wege geht?
Häufig lernen Hunde, dass Ziehen und Zerren an der Leine selbstbelohnenden Charakter haben und zum Erfolg führen. Im Alltag lässt sich häufig folgendes Szenario beobachten: Es wird vom Halter zugelassen, dass Hunde über das Ziehen Kontakt zueinander aufnehmen können. Der Hund möchte ja nur »Hallo sagen!«, lernt dabei aber, dass das Ziel »Sozialkontakt aufnehmen« über Zug an der Leine geschieht. Eine Übertrag dieser Situation lässt sich auf viele weitere Alltagssituationen herstellen, z.B. Personen, zu denen der Hund unbedingt hin möchte, oder bei geruchlicher Ablenkung.
Eine konsequent trainierte Leinenorientierung kommt Hund und Halter zugute. Der Hund lernt, sich in allen erdenklichen Situationen am Halter zu orientieren. Wichtig hierbei ist, in möglichst vielen Situationen mit dem Hund zu trainieren, um rein ortsgebundenes Lernen (z.B. immer nur auf dem Hundeplatz, auf einer bestimmten Wiese ...) zu vermeiden. Häufig sieht man den Hundehalter in einem Übungsprogramm die Leinenorientierung trainieren; nach der Übung schleichen sich dann im Alltag wieder Fehler ein (z.B. Ziehen zur Kontaktaufnahme Hund oder Mensch ...), die den Weg zu einer dauerhaften und erfolgreichen Leinenorientierung erschweren. Der Erfolg sollte sein, dass der Hund versteht, wie er sich an der Leine zu verhalten hat.
Für eine optimale Leinenorientierung, die in vielen kleinen Schritten aufgebaut werden muss, wird mit verschiedenen Trainingsmodulen gearbeitet. Dem Führen an der kurzen Leine, das mit Hilfe der Gassenübung aufgebaut wird. Dem Führen an der Schleppleine als verlängerte Führleine, um eine aktive Orientierung des Hundes als Grundstock für den Freilauf zu erreichen. Und der Basisübung, bei der dem Hund vermittelt wird, sich an einem definierten Bezugspunkt beim Hundeführer wohlzufühlen und sich erst nach Freigabe-Signal zu entfernen.

7.2.1. Gassenübung

Der Hund soll lernen, sich aktiv am Halter zu orientieren. Dabei ist es unerheblich, ob er links oder rechts läuft, er benötigt lediglich einen Bezugspunkt (z.B. Knie des Hundeführers), an dem er sich orientieren kann, mitläuft und solange dort bleibt, bis durch ein Signalwort die Handlung vom Halter beendet wird.
Bei der Leinenorientierung wird der Hund am Halsband geführt. Ideal sind weiche und relativ

Gasse mit Hecke und Zaunelement als Orientierungshilfe.

Ausgangsposition: Der Hund befindet sich neben dem Hundeführer.

breite Nylonhalsbänder. Zu dünne Halsbänder können den Kehlkopf und die Halswirbelsäule schädigen und unter Umständen sogar die Sauerstoffzufuhr zum Gehirn beeinträchtigen.

Die Bilder zur Leinenorientierung zeigen Trainerin Christine Durm mit ihrer Labrador-Hündin Kira. Die Gassenübung wird anfangs unter Zuhilfenahme einer Orientierungshilfe wie z.B. einem Zaun im Garten (siehe Bild oben), einer Wand im Haus- oder Wohnungsflur oder einem schmalen Waldweg durchgeführt.
Die Gasse ist optisch wie gesagt durch eine Wand, einen Zaun oder Ähnliches begrenzt. Später lässt sich diese Übung auch »frei«, d.h. ohne Zuhilfenahme einer Begrenzung, auf Spaziergängen einbauen. In weiteren Trainingsmodulen am Halsband kann dann sukzessive eine dauerhafte Orientierung an der Leine erreicht werden.

Bei dieser Übung wird mit dem Hund nur »körpersprachlich« agiert.
Der Hund befindet sich neben dem Hundeführer. Sobald der Hund in einer ruhigen Stimmung ist und im fortgeschrittenen Trainingsstadium idealerweise auch Blickkontakt aufnimmt, läuft der Hundeführer bewusst in einem langsamen Tempo los (Foto 1 und 2, Seite 38).
Die Arme werden dabei hinter dem Rücken zusammengeführt, die Leine (im Idealfall eine 1–2 Meter Leine) in beiden Händen gehalten, beide

Kira orientiert sich an Christine und nimmt Blickkontakt auf.

Sobald Kira zu überholen versucht, dreht sich Christine um 180° in einer fließenden Vorwärtsbewegung gegen den Hund ein.

Hände berühren sich. Der Hund soll lernen, nicht zu überholen und sich am Tempo des Hundeführers zu orientieren. Bei dieser Übung wird der Hund weder gelockt, noch zum Mitkommen animiert; er soll lernen, sich eigenständig am Hundeführer zu orientieren.

Sollte der Hund versuchen zu überholen, wird sich um 180° in einer fließenden Vorwärtsbewegung gegen den Hund eingedreht (Foto 3). Dabei wird nur körpersprachlich agiert und sinnbildlich »durch den Hund durchgelaufen«. Der Hund soll den Weg frei geben. Sollte der Hund schneller gewesen sein und bereits überholt haben, wird in die entgegengesetzte Richtung gedreht (vom Hund weg), der Hund muss folgen. Eine weitere Möglichkeit ist bei einem Überholversuch des Hundes, einen Schritt seitwärts in Richtung Hund zu machen und dann einzudrehen.

Die Fotostrecke (Fotos 1 bis 4) zeigt eine Rechtsdrehung (vom Hund weg) um 180°, bei der sich der Hund am Hundeführer orientiert, selbständig eindreht und ohne zu überholen in die entgegengesetzte Richtung mitläuft. Sobald der Hund anfängt, sich am Hundeführer zu orientieren (beobachten aus den Augenwinkeln), bleibt der Hundeführer langsam stehen und streichelt

Kira nimmt eigenständig Blickkontakt auf und wird hierfür von Christine bestätigt.

den Hund sanft seitlich am Kopf und lobt ihn ganz ruhig, nicht zu aufdringlich, um ihn nicht in Erregung zu versetzen (Fotos 1 und 2). Es ist unerheblich, ob der Hund dabei steht oder sich hinsetzt. Die Gassenübung dient dazu, den Führanspruch des Hundeführers gegenüber seinem Hund zu stärken und somit eine Orientierung am Hundeführer zu erreichen. Diese Orientierung am Hundeführer dient als Grundlage für alle weiteren Erziehungsschritte. Man nennt dies eine sozialorientierte Bindung, auf die dann alle weiteren wichtigen Trainingsbereiche aufgebaut werden können. Des Weiteren kann bei dieser Übung dem Hund vermittelt werden, dass nicht er Entscheidungen trifft, sondern er bei Verleitungen (rollender Ball, entgegenkommender Hund, Ablenkung durch flüchtendes Wild ...) in Kontakt mit dem Hundeführer tritt.

Der Napf wird mit Futter gefüllt.

Mit dem Verleitungstraining wird begonnen, sobald die Gassenübung ohne Ablenkung sicher vom Hund ausgeführt wird. Auf den Fotos 1 bis 3 gezeigt mit Verleitung »Futternapf«, der als Beispiel für weitere Stellvertreterkonflikte (Spielzeug, andere Hunde, Hasenzugmaschine …) steht.
Danach erfolgt die Freigabe mittels eindeutiger Handbewegung und Signal »Nimm's« vom

Der Hund nimmt von sich aus Blickkontakt auf.

Freigabe zum Napf durch klare Signalgebung.

Hundeführer und der Hund darf das Futter aufnehmen. Das Verleitungstraining ist ein weiteres wichtiges Puzzleteil um mehr und mehr Orientierungsverhalten des Hundes zu erreichen. Der Hund lernt im Übungsmodus die Grundlagen, die dann später in Alltagssituationen wie z.B. Hundebegegnungen, flüchtendes Wild usw. von ihm umgesetzt und vom Hundeführer eingefordert werden können.

7.2.2. Basisübung

In der Basisübung bringt man dem Hund bei, sich beim Halter am definierten Bezugspunkt (Knie) wohlzufühlen. Dabei sollte der Hund neben seinem Halter stehen, sitzen oder liegen und sich dabei erkennbar wohlfühlen. Lernen muss der Hund dabei auch, dass er sich nur dann entfernen darf, wenn er mit einem klar definierten Freigabe-Signal aus der Basisübung entlassen wird. Die Basisübung beginnt immer dann, wenn Kontakt mit dem Hund besteht. Immer, wenn der Hund zum Halter kommt und dieser mit dem Hund kommuniziert – also Mimik, Gestik, Streicheln und Verstärker in Form von Futter einsetzt – wird erreicht, dass sich der Hund wohlfühlt, Stabilität und Sicherheit beim Halter findet.

Durch ein klares taktiles Signal im Schulterbereich, gekoppelt mit einem Freigabe-Signal, wird die Basisübung für den Hund beendet. Möchte sich der Hund ohne Freigabe-Signal entfernen, wird dies durch ein Tabu-Signal und wenn notwendig durch einen körpersprachlichen Block oder mit blockierenden Leinenimpulsen verhindert. Erfolgt daraufhin wieder eine Orientierung des Hundes am Halter, bekommt der Hund sofort die ganze positive Aufmerksamkeit des Halters geschenkt.

Je stabiler der Hund die Basisübung ausführt, desto mehr kann man vom reinen Trainingsmodus in den Alltagsmodus übergehen und damit beginnen, ebenfalls Verleitungen einzubauen. Immer im Schwierigkeitsgrad dem Trainingsstand des Hundes angepasst. Die Steigerung des Schwierigkeitsgrades erfolgt stets dann, wenn der Hund eine Handlung gut kann und diese Leistung konstant zeigt.

7.2.3. Schleppleinentraining

Ein wichtiges Hilfsmittel für die Ausbildung und die Kontrolle stellt die Schleppleine dar. Die Schleppleine ist eine lange (je nach Hund und Trainingsansatz zwischen 3–10 Meter), möglichst leichte Leine. Mit Hilfe der Schleppleine ist eine Kontrolle und Steuerung des Verhaltens des Hundes jederzeit möglich. Befestigt wird die Schleppleine am Brustgeschirr. Ideal sind Nylon-Brustgeschirre mit einem breiten Brustgurt, damit der Brustraum des Hundes nicht gequetscht wird. Der Bauchgurt sollte ebenfalls breit sein und darf nicht im Schulterbereich scheuern. Schmale Riemen sollten nicht vorhanden sein. Bei den Verschlüssen ist darauf zu achten, dass sie nicht im Gelenkbereich des Hundes drücken. Am Halsband hat der Hund Orientierungspflicht, am Geschirr kann er nach Freigabe schnuppern, sein Geschäft verrichten .... Hat also für ihn Freizeitcharakter.

Der Einsatz der Schleppleine ist für viele Trainingsfelder sinnvoll:

- **Rückruftraining, bei Hunden, die Schwierigkeiten beim Rückruf zeigen oder zum Aufbau eines in allen Situationen verlässlichen Rückrufsignals bei jungen Hunden**
- **Erhöhung des Führanspruchs**
- **Distanzkontrolle, da sich der Hund der Kontrolle des Halters durch das Tragen der Schleppleine nicht entziehen kann und somit eine Einflussnahme jederzeit möglich ist**
- **Verhaltensabbruch kann durchgesetzt werden**
- **Orientierung am Halter und nicht Fokus auf Außenreizen**

1. Trainingsschritt

Ziel ist es, dass der Hund lernt, sich aktiv, ohne weitere Hilfestellung am Halter zu orientieren und auf jeden Richtungswechsel zügig zu reagieren. Die Schleppleine befindet sich beim ersten Trainingsschritt in der offenen Hand, der Rest der Leine schleift am Boden (Foto1).

Die Leine gleitet durch die offene Hand.

Es wird hierbei aktiv mit der Leine gearbeitet, d.h. die Leine wird eingeholt oder mehr Leine wird gegeben (Foto 2). Die Leine ist dabei nie auf Zug, sondern hängt locker durch. Zunächst wird in reizarmer Umgebung ohne große Ablenkung trainiert. Der Halter gibt den Weg vor und geht zügig und selbstbewusst voran (Foto 3). Der Hund soll auf seinen Menschen achten. Der Halter bestimmt den Weg und der Hund darf folgen. Den Hund bei dieser Übung nicht direkt anschauen (jedoch permanent aus den Augenwinkeln beobachten), der Hund soll auf seinen Menschen achten, nicht umgekehrt.

Aktives Leinenhandling, d.h. die Leine ist dabei nie auf Zug, hängt aber auch nicht zu stark durch.

Die Hundeführerin gibt den Weg vor und geht zügig und selbstbewusst voran.

Bei eigenständiger Kontaktaufnahme des Hundes ...

... erfolgt die Bestätigung.

Zu Beginn des Trainings wird der Hund bei Kontaktaufnahme jedes Mal verbal und zusätzlich mit einem Verstärker (hier Futter) bestätigt (Fotos 1 und 2). Die Kommunikation spielt hierbei eine wichtige Rolle; der Halter nimmt immer dann direkten Blickkontakt mit seinem Hund auf, wenn dieser konzentriert aufschaut. Der Hund lernt, dass es sich lohnt, auf seinen Menschen zu achten und im fortgeschrittenen Stadium auch Außenreize außer Acht zu lassen.

2. Trainingsschritt

Im zweiten Trainingsschritt sollte bereits eine gute Orientierung des Hundes an der Leine aufgebaut worden sein. Des Weiteren wird ein Angeh-Ritual (z.B. Klopfen auf den Oberschenkel verbunden mit dem Signalwort »Bei mir«) etabliert, damit es für den Hund verständlich ist, wann es losgeht. Direkt nach dem Angeh-Ritual wird sich auch hier zügig fortbewegt, viele schnelle Richtungswechsel (in Richtung Hund/vom Hund weg) gemacht oder auch rückwärts vom Hund weggelaufen, um zu verhindern, dass die Konzentration des Hundes nachlässt. Ist der Hund aufmerksam bei der Sache, steigert man im zweiten Trainingsschritt die Streckenlänge ohne Richtungswechsel und lobt immer wieder das Folgen des Hundes. Verleitungen können ebenfalls in das Training eingebaut werden. Zuerst wird dabei die Reaktion des Hundes aus der Ruheposition heraus angetestet. Ohne Freigabe des Halters sollte der Hund dabei das Objekt ignorieren. Dann wird die Verleitung aus der Bewegung heraus in den weiteren Trainingsablauf integriert, der Hund sollte auch in dieser Situation das Objekt ignorieren und mit seiner Aufmerksamkeit beim Halter bleiben. Der Phantasie sind hierbei keine Grenzen gesetzt; rollende Bälle, Spielzeug, Futterbeutel, Felldummys, Reizangel, Einsatz einer Hasenzugmaschine sind alles mögliche Verleitungen, um eine verlässliche Orientierung am Halter in allen Situationen zu erreichen. Ein erfolgreicher Übertrag ist dann für den Hund auch bei jagdlicher Ablenkung möglich, da bereits in vielen Bildern geübt wurde und das erwünschte Verhalten (Kontaktaufnahme zum Halter) für den Hund verständlich ist. Das erklärte Ziel bei diesem Trainingsschritt ist, dass auch bei Echtwild diese verlässliche Orientierung des Hundes am Hundehalter gezeigt wird, um dann im dritten Trainingsschritt die Schleppleine zunächst loszulassen (d.h. die Schleppleine schleift am Boden) und dann im weiteren Trainingsverlauf diese Stück für Stück einzukürzen.

3. Trainingsschritt

In diesem Trainingsstadium zeigt der Hund in jeder Situation eine sehr zuverlässige und aktive Orientierung am Hundeführer. Die Schleppleine wird zunächst losgelassen (d.h. sie schleift am Boden). Und dann, sobald der Hund bei allen künstlichen und echten Verleitungen stabil ist, wird die Leine nach und nach »abgebaut«, d.h. Stück für Stück gekürzt. Die Schleppleine sollte nicht bereits zu Beginn des dritten Trainingsschritts komplett entfernt werden, da der Gewichtsunterschied zwischen »online« (Leine am Hund) und »offline« (Leine nicht am Hund) vom Hund registriert wird. Zudem können unterstützende, einwirkende Hilfen des Halters, die eventuell noch notwendig sein könnten, nur über die noch vorhandene Leinenlänge vorgenommen werden. Ist die Orientierung an der Leine gefestigt und zuverlässig, werden die Übungen ohne Leine durchgeführt. Je nach Hund verbleibt ein Leben lang ein kurzes Stück Leine als »Gedächtnisstütze« am Brustgeschirr.

Bei sorgfältigem Auf- und Ausbau des Schleppleinentrainings, verbunden mit parallelem Aufbau eines Rückruftrainings und einem für den Hund geeigneten Auslastungsmodell (siehe Kapitel 7 Inhalte TEAMCANIN-Antijagdtraining/Auslastungsmodelle), steht einem entspannten Miteinander in allen Alltagssituationen bis hin zu jagdlichen Reizen nichts mehr im Wege. Dauerhaft wird eine erfolgreiche Leinenorientierung erreicht, wenn auch im Alltag vom Hundehalter auf die Einhaltung der im Training vermittelten Inhalte geachtet wird und diese befolgt werden.

Fallbeispiel »Schleppleine«

Der Hund wurde vorgestellt, da er Vögel extrem jagte und dabei nicht mehr ansprechbar war. Dieses Jagdverhalten bezog sich rein auf Vögel, nicht auf Hasen, Katzen usw. Der Hund sollte solange an der Schleppleine geführt werden, bis das Thema »Vögel jagen« durch Training kontrollierbar ist, d.h. der Hund dieses Verhalten unterlässt. Häufig hört man als Trainer, dass gerade das Jagen von Vögeln eigentlich nicht so schlimm sei, da der Hund diese in den seltensten Fällen erwischt. Aber genau hier fängt bereits das Antijagdtraining an! Nicht der Jagderfolg des Hundes ist maßgeblich, sondern vielmehr die selbstbelohnenden Komponenten der einzelnen Jagdelemente, wodurch der Körper vermehrt Adrenalin, Noradrenalin und Dopamin produziert. In diesem Zustand kann der Hund nicht unterscheiden, ob ihn eine viel befahrene Straße von dem Jagdziel trennt oder nicht!
Leider endete dieser Fall tragisch! Beim Hinterjagen von Vögeln, rannte dieser Hund über die Straße und kollidierte mit einem Auto. Der Hund verstarb. Das Tragen einer Schleppleine und der konsequente Aufbau des Antijagdtrainings in Bezug auf »Vögel jagen« hätte dies verhindern können.
Man sollte sich als Halter immer bewusst machen, dass so etwas passieren kann. Darüber hinaus können Hunde durch Jagen das Wild in Panik versetzen und deren Fluchtweg kann eine Straße überqueren, was ebenfalls schwere Verkehrsunfälle verursachen kann.
Ein weiterer Hund wurde ebenfalls zum Thema Jagen vorgestellt. Dieser Hund wurde im Alltag in unbekanntem Gebiet an der Schleppleine geführt, in Gebieten, in denen der Halter meinte, »sich gut auszukennen und sicher zu sein, dass es kein Wild gibt«, befand sich der Hund ohne Schleppleine im Freilauf. Eines Tages kreuzte ein Hase in diesem Gebiet den Weg, der Hund kollidierte beim Jagen im Kreisverkehr mit einem Auto. Die Folge war ein Kieferbruch. Nach diesem Vorfall, der zum Glück keine schlimmeren Folgen für Hund und Autofahrer hatte, wurde sehr konsequent mit bzw. an der Schleppleine gearbeitet. Mit dem Endergebnis, dass der Hund nach beharrlichem und erfolgreichem Training uneingeschränkt Freilauf genießen durfte.

Diese beiden Beispiele sollen die Wichtigkeit des Hilfs- und Ausbildungsmittels Schleppleine verdeutlichen. Die Sicherheit des eigenen Hundes, anderer Personen, anderer Tiere usw. sollte zwingend im Vordergrund stehen!

Fallbeispiel »Schleppleine« und »Häuslicher Bereich«

Ein junger Dobermann befand sich im Training, da er auf sehr viele und unterschiedliche Bewegungsreize reagierte: Blätter, Jogger, Flugzeuge ... Draußen wurde mit dem Hund hoch motiviert, sehr konsequent und gut an der Schleppleine gearbeitet. Die Trainingserfolge stellten sich aber nicht im gewünschten Maße ein. Beim Hausbesuch wurde die Problematik deutlich. Der Garten war für den Hund frei zugänglich und auf das Anlegen der Schleppleine im vermeintlich sicheren Garten wurde verzichtet. Jedoch war im Garten jeder Bewegungsreiz erneut Auslöser für unerwünschtes Jagdverhalten des Hundes. Der Hund war im Garten sich selbst überlassen und fing dort wieder an, das unerwünschte Jagdverhalten zu zeigen. Den Abruf durch den Halter ignorierte der Hund in dieser Situation.
Für den Hund ist es ein Leichtes zu unterscheiden, wann/ob er an der Leine ist bzw. wann/ob nicht und ob es somit Konsequenzen für ihn mitsichbringt oder eben nicht. Dieser Hund hat im Garten gelernt, dass es ohne Leine Alternativen zum Kommen gibt. Ein Abbau der Schleppleine und der damit verbundene Erfolg eines Antijagdtrainings ist dadurch nur schwer bzw. gar nicht möglich!
In diesem Fall gilt es, zwei Punkte zu beachten:

- *Der Hund sollte nicht unbeaufsichtigt in den Garten gelassen werden.*
- *Der Hund sollte sich im Garten an der Leine befinden bzw. an der Leine geführt werden.*

Hier entscheidet der jeweilige Einzelfall. Es gibt Hunde, die man im Garten ohne Leine laufen lassen kann, auf die der Halter jederzeit Einfluss (sicherer Rückruf) nehmen kann. Hunde, die wie in oben geschildertem Fall Probleme mit Bewegungsreizen haben, sollten auch im Garten unbedingt an der Leine bleiben.

7.3. Der sichere Rückruf und warum er so wichtig ist

Jeder Hundehalter wünscht sich einen Hund, der sich sicher und verlässlich in jeder Situation abrufen lässt. Auch wenn es keine hundertprozentige Garantie dafür gibt, dass Ihr Hund auch immer zuverlässig kommt, so ist das Trainieren des sicheren Rückrufs enorm wichtig. Die Gründe dafür sind sehr vielfältig. Lässt ein Hund sich nicht zuverlässig abrufen, stellen Straßen, Bahngleise oder pflichtbewusste Jäger eine potentielle Gefahrenquelle dar – nicht selten endet ein Alleingang des Hundes tödlich. Außerdem gibt es Menschen, die Angst vor Hunden haben oder sich durch sie belästigt fühlen, es können aber auch Hunde sein, denen die Aufdringlichkeit eines Artgenossen unangenehm ist.

In jedem Fall ist Rücksichtnahme auf die Bedürfnisse anderer und der gesamten Umwelt ein wichtiges Argument, um einen sicheren Rückruf zu trainieren. Unserer Meinung nach lässt sich jeder Hund so gut trainieren, dass eine sehr hohe Verlässlichkeit des sicheren Rückrufs erreicht werden kann.

7.3.1. Aufbau und positive Konditionierung des Rückrufsignals

Beim Aufbau der dafür notwendigen Signale kommt es auf optische und akustische Zeichen an. Dabei ist es wichtig, dass der Hund die Chance hat, diese Zeichen zu deuten bzw. zu verstehen. Im ersten Lernschritt wird mit einer positiven Konditionierung auf das gewünschte Rückrufsignal begonnen. Dazu nimmt man ein leckeres Stück Futter in die geschlossene Hand und lässt den Hund daran schnuppern und reintreiben.

Sobald er Bemühungen zeigt, an das Futter heranzukommen, sollte er mit dem gewünschten Rückrufsignal – z.B. »Hier« – gerufen werden. Die Hand geht auf und er bekommt das Futter. Der Hund wird so verknüpfen (»Hier« = Futter). Diese Übung wiederholen Sie bis zu 30-mal am Tag, über einen Zeitraum von insgesamt zwei bis drei Tagen. Beachtet werden sollte dabei, dass das Rückrufsignal auch mit Signalcharakter erfolgt, also immer mit gleicher Stimmlage und gleicher Betonung. Es sollte ein motivierender, freundlicher und trotzdem überzeugender Ton sein, mit dem der Hund gerufen wird. Wichtig ist, dass sich auch der Mensch dabei wohlfühlt und sich mit dem Rückrufsignal identifizieren kann. Ein großer Mann mit sonorer Stimme muss seinen Hund beispielsweise nicht mit einer piepsigen Frauenstimme rufen, nur weil das angeblich »netter« klingt.

Sinnvoll und wichtig ist außerdem, dass der Hund beim Training des sicheren Rückrufs an die Schleppleine gewöhnt wird, diese wird vorzugsweise am Brustgeschirr befestigt.
Die Schleppleine gibt dem Hundehalter gerade zu Beginn des Trainings Sicherheit, da er keine Angst zu haben braucht, dass sein Hund wegläuft. Und der Hund kann sich dem Rückruf nicht entziehen, was den Vorteil hat, dass er den ersten Rückruf nicht ignorieren kann.

Erster Lernschritt: Aufbau und positive Konditionierung des Rückrufsignals.
Die Bilder zeigen Franziska Baur mit Schäferhündin Bonnie.

7.3.2. Hörzeichen und Handlung verbinden

Im zweiten Lernschritt wird das konditionierte Rückrufsignal mit einer Handlung verbunden. Bei diesem Lernschritt wird gezielt an der Geschwindigkeit des Hundes und an der Verknüpfung (Handlung mit Rückrufsignal) gearbeitet. Damit der Hund auf den Hundehalter zügig zuläuft, kommen drei Trainingsvarianten in Frage.

Die eine Trainingsvariante besteht darin, den Hund ein paar Meter vor sich laufen zu lassen und sich dabei langsam rückwärts laufend in die entgegengesetzte Richtung zu entfernen, sobald der Hund innehält und sich zum Halter umdreht und ihn anschaut, steigert dieser seine Geschwindigkeit. Durch die Rückwärtsbewegung animiert, wird der Hund zu seinem Besitzer laufen. Diese Rückwärtsbewegung unterstreicht man mit dem im ersten Lernschritt konditionierten Rückrufsignal (z.B. »Hier«), Fotos 1 bis 6, Seite 50 bis 53.

Die zweite Trainingsvariante ist, dem Hund das Futter zu zeigen, um es anschließend ein paar Meter vor ihm abzulegen. Mit einem bekannten Hörzeichen gibt man dem Hund die Erlaubnis, das Futter aufzunehmen. Während er das Futter aufnimmt, entsteht eine gewisse Distanz zwischen Hund und Hundehalter.

Sobald der Hund das Futter gefressen hat und sich wieder an seinem Hundehalter orientiert, sollte dieser in die schnelle Rückwärtsbewegung gehen, um den Hund zum Nachfolgen zu animieren, um ihn dann abrufen zu können.

Als dritte Trainingsvariante kann der Hund auch von einer Hilfsperson festgehalten werden, während der Halter sich von ihm entfernt. Dabei darf man den Hund ruhig animieren, freudig zum Hinterherkommen auffordern oder auch seinen Namen rufen. Nach rund zwanzig Metern dreht sich der Besitzer zu seinem Hund um und ruft ihn freudig mit dem konditionierten Rückrufsignal zu sich. Vor allem in der Lernphase ist es wichtig, dass der Hund mit der größtmöglichen Motivation bestätigt wird. Die Freude über das Kommen des Hundes kann daher ruhig mit besonderem Futter oder Spielzeug verstärkt werden. In dieser Phase haben solche Mittel durchaus ihre Berechtigung. Später sollte es dann in erster Linie natürlich die Persönlichkeit des Menschen sein, die den Hund zum Kommen animiert, gefolgt durch einen Primärverstärker (Futter, Spielzeug).

Trainingsvariante 1: Nach Blickkontaktaufnahme von Bonnie entfernt sich Franziska rückwärts, um Bonnie zum Kommen zu motivieren.

Da Bonnie sich klar erkennbar auf Franziska zubewegt, wird sie mit ihrem Namen plus dem Hörzeichen oder nur dem Hörzeichen z.B. »Bonnie, hier!« oder nur »Hier!« gerufen.

Direkt im Anschluss wird Bonnie durch Franziska mittels Gestik, Mimik, Lob und dem Verstärker »Futtertube« belohnt.

7.3.3. Schnelles Umdrehen des Hundes

Nicht wenige Hunde erstellen nach dem Rufen ihres Besitzers zunächst eine Kosten-Nutzen-Rechnung. Bevor sie sich fürs Kommen entscheiden, scannen sie erst einmal die Umgebung und entscheiden dann, ob und auf welchem Weg sie kommen. Ziel ist es daher, dass der Hund lernt, schnell umzudrehen, ohne vorher diese Kosten-Nutzen-Rechnung zu erstellen. Wenn der Hund also während des Kommens bereits gut beschleunigt, kann nun das schnelle Umdrehen trainiert werden. Denn je schneller der Hund sich umdreht, desto weniger Zeit hat er, sich anderweitig zu orientieren. Um das zu trainieren, sollte man anfangs noch recht dicht bei seinem Hund sein.

Die in den vorangegangenen Übungen vergrößerte Distanz wird jetzt wieder verkleinert, die Distanz so gering gehalten, dass man bereits in der Rückwärtsbewegung ist, wenn sich der Hund umdreht. In dem Moment, in dem der Hund gerufen wird, beginnt man, schneller rückwärtszulaufen. Dreht der Hund nicht schnell genug um, werden ihm im Rückwärtslaufen kleine Leinenimpulse in Richtung Hundehalter gegeben, Fotos 6 bis 8, Seite 54/55.

Ist er dann angekommen, wird er freundlich begrüßt, jedoch nicht euphorisch, schließlich handelt es sich ja um eine Korrektur. Grundsätzlich gilt bei einer Übung, die mit einer Korrektur abgeschlossen wurde, diese so lange zu wiederholen, bis keine Korrektur mehr notwendig ist. Erst, wenn der Hund eine Übung richtig ausführt, sollte er das große Lob, Freude und einen Verstärker bekommen (z.B. Futter oder ein kurzes Spiel). Ist der Hund aus größerer Entfernung und in reizarmer Umgebung sicher abrufbar, kann dann in einer etwas ablenkungsreicheren Umgebung trainiert werden. Dabei ist wichtig, dass bei jeder Schwierigkeitssteigerung der Abstand zum Hund verringert wird, um diesen dann wieder Schritt für Schritt auf die gewohnte Distanz auszubauen. Wenn der Hund gut bis sehr gut abrufbar ist, kommt das Verleitungstraining hinzu. Gut abrufbar bedeutet, dass der Hund schnell, freudig und mit viel Elan auf seinen Menschen zuläuft und dieser daraufhin mit Motivation, Gestik, Mimik und Körpersprache reagiert. Ist das der Fall, können optische, akustische und geruchliche Verleitungen aller Art eingebaut werden.

Schnelles Umdrehen des Hundes: Die Bilder zeigen Franziska mit Bonnie beim Aufbau des schnellen Umdrehens. Je schneller sich der Hund umdreht, desto weniger Zeit hat er, sich anderweitig zu orientieren.

7

8

Franziska mit Bonnie bei der »Futterschüsselübung«.

Die Futterschüssel wird mit Futterstückchen befüllt.

... erst auf das Freigabe-Signal hin zu der gefüllten Futterschüssel laufen darf.

Nachdem Bonnie zunächst einige Male zur Futterschüssel geschickt wurde und daraus fressen durfte, ...

7.3.4. Futterschüsselübung

Der Hund sitzt neben seinem Halter, die Futterschüssel wird frontal auf Schleppleinenlänge vor Hund und Halter positioniert. Der Hund wird nun mit einem zuvor erlernten Kommando z.B. »Nimm's« zur Futterschüssel geschickt und darf einen Moment fressen. Dieser Vorgang wird einige Male wiederholt.

Sobald der Hund zielstrebig auf das immer gleiche Signal hin zur Schüssel rennt, wird er abgerufen, sobald er losgelaufen ist. Gleichzeitig geht man in die Rückwärtsbewegung, um den Rückruf noch zu unterstreichen. Kommt der Hund sofort, kann er danach als Belohnung zur Futterschüssel geschickt werden.

Franziska steht direkt neben Bonnie, die ...

... wird sie nun nach erneuter Freigabe unmittelbar vor der Futterschüssel abgerufen.

Er lernt so, dass er nur an die Futterschüssel kommt, wenn er auf das Hörzeichen reagiert. Wichtig ist es bei dieser Übung zu erkennen, wie groß der Tatendrang des Hundes ist. Wenn er bereits nach dem zweiten Abrufen zögert, überhaupt in Richtung Schüssel zu laufen, sollte man ihn zunächst häufiger zur Schüssel schicken, ohne ihn abzurufen. Außerdem ist es ein großer Unterschied, womit die Schüssel gefüllt ist, z.B. Trockenfutter oder frischer Pansen.

Der Schwierigkeitsgrad kann zusätzlich gesteigert werden, indem man den Hund kurz nach der Freigabe abruft (leicht) oder aber erst kurz vor der Futterschüssel (schwer).

7.3.5. Hundepfeife als Notsignal

Es ist absolut empfehlenswert, den Hund zusätzlich zum Rückruf auf eine Hundepfeife zu konditionieren.

Eine Hundepfeife hat den Vorteil, dass sie für den Hund immer gleich klingt. Zudem ist sie frei von Emotionen, die in der Stimme mitschwingen, wenn Sie Ihren Hund plötzlich aus einer heiklen Situation abrufen wollen. Außerdem ist sie bei Wind und anderen Umweltgeräuschen für den Hund immer noch sehr gut zu hören, da der Pfeifton sehr weit trägt, wobei die Stimme schon mal in der Geräuschkulisse untergehen kann. Die Konditionierung auf den Pfeifton wird genauso eingeübt, wie der Rückruf. Auch hier gilt, dass man den Hund regelmäßig mit der Pfeife abrufen sollte, damit der Hund diese positiv mit dem Herankommen verknüpfen kann. Zu empfehlen sind Kunststoffpfeifen der Firma ACME. Diese werden mit hohen Standards aus Kunststoff gefertigt und besitzen eine genormte Tonfrequenz. Dies gewährleistet, dass alle ACME-Pfeifen desselben Typs auch stets den gleichen Ton besitzen, was beispielsweise bei Verlust der Pfeife keine Umstellung für den Hund bedeutet.

7.4. Externe Belohnung

Bei allen Übungen, die man mit seinem Hund macht, ist eines ganz entscheidend: Bevor der Hund irgendetwas tut, muss er Rücksprache (Blickkontakt) aufnehmen. Es erfolgt quasi immer erst eine Freigabe und dann darf der Hund agieren oder eben auch nicht, wenn es die Situation gerade nicht zulässt. Externe Belohnung kann alles sein, was sich außerhalb befindet, also nicht direkt am Menschen (intern) erfolgt, sondern (extern).

Das könnte beispielsweise sein:

- **ein Ball,**
- **eine Beißwurst,**
- **eine gefüllte Futterschüssel,**
- **ein Spielzeug,**
- **ein anderer Mensch (Ehepartner, Familienmitglieder),**
- **der geliebte Spielgefährte des Hundes, oder aber auch ein See, da der Hund vielleicht eine Wasserratte ist und für sein Leben gerne schwimmt.**

Folgendes Fallbeispiel soll den Trainingsansatz verdeutlichen:

Nehmen wir mal an, Sie gehen mit Ihrem Hund spazieren und begegnen einem anderen Mensch-Hund-Team. Dann sollte Ihr Hund sich beherrschen können und nicht ungefragt den anderen Hund begrüßen, in dem er Sie buchstäblich hinter sich herzieht. Bestenfalls würde Ihr Hund sich beim Erspähen eines anderen Hundes an Ihnen orientieren und zu Ihnen aufschauen, woraufhin Sie ihn mit einer Freigabe bestätigen könnten, weil er ja das richtige Verhalten gezeigt hat. Also wäre diese Freigabe, den anderen Hund begrüßen zu dürfen, eine externe Belohnung für ihn. Blickkontakt sprich Kommunikation zwischen Mensch und Hund ist also Grundvoraussetzung für ein harmonisches Miteinander.

Die Bilder Seite 59 bis 62 zeigen Trainer Matthias Mück mit seinem Labrador-Rüden Bakou bei der externen Belohnung.

Matthias befüllt die Schüssel mit einigen Futterstücken.

Er signalisiert Bakou mit einem eindeutigen Handzeichen zu warten.

Nach Blickkontaktaufnahme von Bakou …

… wird dieser mit einem eindeutigen Freigabe-Signal zum Napf geschickt.

Vor der Freigabe zur Futterschüssel fordert Matthias »Platz« von Bakou ein.

Als Variante vor der Freigabe zur Futterschüssel fordert Matthias hier Bakou zunächst zum Mitkommen auf.

Externe Belohnung mit ruhendem Ball; Freigabe nach Blickkontaktaufnahme von Bakou.

Externe Belohnung mit sich bewegendem Ball; Bakou bleibt bis zur Freigabe durch Matthias in »Fußposition«.

Blickkontaktaufnahme durch Bakou.

Nach Blickkontaktaufnahme erfolgt die Freigabe zum Ball (= externe Belohnung).

Die **interne Belohnung** erfolgt direkt am Hundehalter und beinhaltet beispielsweise:

- **ein objektfreies Spiel**
- **Spiel mit Beißwurst oder Spielzeug**
- **Streicheleinheiten und verbales Lob beim Hundehalter**
- **Futtertube**
- **Leckerlis**

Bei den Erziehungs- und Ausbildungsmodellen von TEAMCANIN wird nicht mit Leckerchen, sondern mit Futter (Trockenfutter oder auch Feuchtfutter in einer wieder befüllbaren Futtertube) als Belohnung gearbeitet. Der Hund erarbeitet sich so z.B. einen wichtigen Teil, etwa 1/3 der Tagesration, auf seinen Spaziergängen und durch Übungen. Der Unterschied zu Leckerchen besteht darin, dass Futter für den Hund existentiell wichtig und es einen höheren Stellenwert bekommt, weil er bestrebt sein wird, an dieses heranzukommen, was ihn wiederum anspornt, mit seinem Menschen mitzuarbeiten. Man sollte sich niemals aus der sozialen Verantwortung gegenüber dem Hund ziehen, in dem man nur noch mit Leckerchen und Spielzeug bewaffnet durchs Leben rennt und sein Herz gegen ein Stück Wurst eintauscht. Wenn man wieder lernt, sich auf das Wesentliche zu besinnen, werden Mensch und Hund viel besser miteinander kommunizieren.

7.5. Aufbau eines Unterbrechungs-Signals (Tabu-Signal)

Mit dem Aufbau eines Unterbrechungs-Signals soll erreicht werden, dass eine vom Hund unerwünschte Handlung, durch das Signal (z.B. »Nein« oder »Pfui«) rechtzeitig unterbrochen werden kann. Das Tabu-Signal kann und muss in unterschiedlichen Lebenslagen, Alltags- und Trainingssituationen trainiert und eingebaut werden. Ein Tabu-Signal sollte schnell, unmittelbar, mit eindeutiger Aussage und entsprechend eindeutiger Körpersprache vermittelt werden, steht aber nie allein! Dem Hund sollte im Anschluss des Tabu-Signals immer ein Alternativverhalten angeboten werden, um ihm nicht nur zu zeigen, welches Verhalten man nicht möchte, sondern vielmehr welches Verhalten an Stelle erwünscht ist. Dadurch wird das Vertrauen zum Halter gestärkt und dem Hund Sicherheit vermittelt.

Trainingsvarianten

Der Hund sitzt angeleint neben seinem Halter. Jetzt präsentiert man ein Futterstück in der offenen Hand vor dem Hund, der dieses auf das entsprechende Freigabe-Signal (z.B. »Nimm's«) auch ungehindert nehmen und fressen darf. Dieser Ablauf wird mehrmals hintereinander wiederholt. Im Anschluss daran präsentiert man dem Hund wieder ein Futterstück in der offenen Hand, ohne das Freigabe-Signal zu geben. Mit großer Wahrscheinlichkeit wird der Hund versuchen, das Futter zu fressen. Jetzt kommt sofort das akustische Tabu-Signal (»Nein«), verbunden mit einer blockierenden, sehr dynamischen Handbewegung zwischen Hund und Futter.

Sobald der Hund von seinem Vorhaben ablässt, sich zurückhält und stattdessen seinen Halter fragend anschaut, erhält er das Freigabe-Signal und darf das Futterstück nehmen und fressen. Um ein rein kontextbezogenes Training zu vermeiden, werden diese und weitere Übungen zum Unterbrechungs-Signal an verschiedenen Orten und in verschiedenen Situationen wiederholt. Weitere mögliche Trainingsvarianten, ein Tabu-Signal zu etablieren, sind z.B.:

- **Deckenübung im häuslichen Bereich**
- **Kontrolliertes Ein- und Aussteigen aus dem Auto**
- **Zugang zu bestimmten Räumen verwehren**
- **Stellen von Besitzansprüchen**
- **Unterlassen sämtlicher unerwünschter Handlungen (Aufnehmen von Unrat, Anspringen von Personen ...)**
- **Hundebegegnungen an der Leine bis hin zu**
- **Unterbrechung des Jagdverhaltens**

Um das Unterbrechungs-Signal auch bei Jagdverhalten einsetzen zu können, ist ein konsequenter Aufbau in vielen Trainingsbildern notwendig und unerlässlich. Durch das sichere und etablierte Unterbrechungs-Signal ist die Gefahr, dieses zu verwässern, nicht gegeben. Erst wenn durch die vielen Trainingsbilder dem Hund glaubhaft vermittelt wurde, das unerwünschte Verhalten zu unterlassen und das erlernte Alternativverhalten (z.B. Rückruf) zu zeigen, kann man dies in so hohen Reizlagen wie Geruch und/oder Bewegung von Wild etc. einsetzen. Im Training lassen sich viele Stellvertreterkonflikte, wie z.B. Einsatz von Blut, Wildgeruch, Felldummys, Einsatz einer Hasenzugmaschine schaffen, um dann, sobald das Tabu-Signal in all diesen Situationen etabliert ist, Echtwild zu suchen.

Fallbeispiel »Tabu-Signal«

Der Hund wurde aufgrund massiven Ziehens an der Leine vorgestellt. Die Besitzer waren mit ihrem Latein am Ende, nachdem alle Ratschläge und Trainingsansätze eines »Fachmanns« keinerlei Besserung des Verhaltens brachten.
Auf Anraten des »Fachmanns« sollte der Hund, sobald er nach vorne geht, durch Ziehen an der Leine verbunden mit dem Unterbrechungs-Signal »Nein« korrigiert werden. Zunächst beim noch jungen Hund am Stoffhalsband. Parallel dazu wurde das Unterbrechungs-Signal »Nein« häufig im Alltag eingesetzt, ohne dass dies für den Hund mit Konsequenzen verbunden war. Als dieser beispielsweise im Garten die Blumen ausbuddelte und daraufhin die Besitzer vom Balkon herunter »Nein« riefen, buddelte dieser mit großer Begeisterung weiter. Er lernte in diesem Fall, dass »Nein« für ihn nicht von Bedeutung ist.

Über einen längeren Zeitraum wurde die Korrektur so von den Haltern vorgenommen, ohne dass eine Besserung eintrat. Der Hund hatte sich schlichtweg daran gewöhnt, dass das »Nein« nichts galt und er stumpfte zunehmend am Stoffhalsband ab. Der nächste Trainingsansatz des »Fachmanns« war der Übergang zum Führen am Kettenhalsband, gekoppelt mit oben aufgeführten Maßnahmen. Dies brachte kurzzeitig eine leichte Besserung, aber auch hierbei ließ sich ein weiteres Abstumpfen des Hundes am Kettenhalsband feststellen. Langfristig wurde auch durch Führen an diesem Halsband keine Besserung des Verhaltens erreicht. Das nächste vom »Fachmann« empfohlene Hilfsmittel war das Stachelhalsband. Auch hiermit wurden keinerlei Trainingserfolge erzielt. Als der finale Ratschlag lautete, das Stachelhalsband anzuspitzen«, was zur Folge hatte, dass der Hund dadurch blutende Wunden im Halsbereich hatte, haben sich die Halter nach Trainingsalternativen umgesehen.

Dieses Beispiel soll zeigen, wie wichtig es ist ein Tabu-Signal ganzheitlich zu etablieren und nicht nur kontextbezogen auf das eine störende Verhalten. Das Tabu-Signal kann und muss in unterschiedlichen Lebenslagen trainiert werden. Der Hund muss verstehen, was man von ihm möchte! Man muss sich als Halter die Frage stellen: »Hat mein Hund bereits verstanden, was ich ihm beibringen möchte?« Parallel dazu wird an einem Alternativverhalten gearbeitet, denn ein Tabu-Signal steht nie allein!
In diesem Fall wurde das Tabu-Signal in vielen Alltagssituationen eingesetzt, zusätzlich dazu wurden beim Aufbau auch künstliche Trainingssituationen geschaffen. Sei es beispielsweise im häuslichen Bereich durch die Deckenübung (siehe Kapitel 5.3. Häuslicher Bereich); durch ein temporär bedingtes Untersagen von bestimmten Dingen, z.B. Zutritt zu bestimmten Räumen; durch kontrolliertes Ein- und Aussteigen aus dem Auto; durch Stellen von Besitzansprüchen; ... Auf diese Weise konnte der Hund dieses Tabu-Signal verinnerlichen und es konnte daraufhin in anderen Bereichen etabliert und eingefordert werden.

7.6. Bewegungsreize

Bewegungsreize beinhalten alle sich schnell vom Hund weg- oder vorbeibewegenden Reize. Diese sollten nicht der Auslöser für ein ungehemmtes Hinterherhetzen sein. Das Thema Bewegungsreiz ist ein sehr entscheidender Punkt in Bezug auf das Jagen, da viele Hunde durch visuelle Reize – also auf Sicht – zum Jagen animiert werden. Um sich dieser Herausforderung stellen zu können, muss der Hund wieder erst einmal lernen, was es heißt, im Übungsmodus künstlich hinzugefügten Reizen zu widerstehen.

Auslöser im Alltag könnten z.B. sein:

- **vorbeirollende Bälle**
- **umherfliegende Blätter**
- **fahrende Autos**
- **Radfahrer**
- **Jogger**
- **rennende Kinder**

Grundsätzlich sollte jeder Hund bereits im Welpenalter lernen, dass Reize, egal welcher Art, gar keine Bedeutung haben. Gerade Welpen sollte man im ersten Lebensjahr nicht mit diversen Ballspielchen oder Ballschleudern bespaßen. Klar will man mit seinem Welpen oder Junghund spielen und Spaß haben und natürlich spricht nichts dagegen, aber dazu gibt es sinnvollere Möglichkeiten und Auslastungsmodelle, wie beispielsweise Futterbeutel-Apport, Fährten, Futterbeutel-Suche, Objektsuche usw., die den Welpen auf ruhige Art und Weise auslasten und zudem seine Konzentration fördern. Dies nur als kleine Hilfe für alle Menschen, die vielleicht einen Welpen haben oder sich gerade nach einem umschauen.

Nun zurück zu unseren Hunden, die die Jagdleidenschaft schon entdeckt haben. Damit man später überhaupt in der Lage ist, auf seinen Hund einwirken zu können, sollte man stets hinterfragen: **Wer bin ich zum jetzigen Zeitpunkt in den Augen meines Hundes? Oder andersrum gefragt: In welcher Position bin ich im Moment, um meinem Hund überhaupt etwas untersagen zu können?** Soll heißen, wenn ich noch nicht einmal in der Lage bin, von meinem Hund Zurückhaltung einzufordern, wenn ein Ball an ihm vorbeirollt und er dann losschießt, oder wenn ich Schwierigkeiten habe, ihn ruhig an anderen Hunden vorbeizuführen, wie soll das dann in der Situation mit einem Hasen oder einer Katze funktionieren? Es ist nur selbstverständlich, dass man als Hundehalter erst einmal sehr verzweifelt ist und am liebsten mit einem Handgriff dieses Problem abgestellt haben möchte. Wenn man dies aber überdenkt, wird man von selbst erkennen, dass das so nicht funktionieren kann. Daher sollten wir unserem Hund die Chance geben zu lernen und ihn in kleinen aufeinanderfolgenden Schritten behutsam an Bewegungsreize heranführen. Bevor man dazu einen rollenden Ball nimmt, sollte man vielleicht zu einem Futterbeutel greifen, da dies für viele Hunde erfahrungsgemäß keine so hohe Verleitung darstellt. Im ersten Schritt könnte dies so aussehen: Der Hund sitzt seinem Halter frontal gegenüber, dann wird der Futterbeutel aus der Tasche geholt und auf den Boden fallen gelassen. Wenn der Hund sofort heran möchte, wird er durch einen klaren Block mit der Hand daran gehindert, den Futterbeutel zu greifen. Damit wird ihm gegenüber ein Besitzanspruch signalisiert. Er merkt so, dass der Futterbeutel nicht sein Eigentum ist und sein Halter bestimmt, wann er an diesen herankommt. Diese Übung kann mehrfach hintereinander wiederholt werden, d.h., der Futterbeutel wird mehrfach ruhig auf den Boden gelegt oder fallen gelassen. Wenn diese Übung klappt, wird der Hund selbstverständlich gelobt. Jetzt kann die Übung variiert werden, z.B. befindet sich der Hund nun neben seinem Halter in der Sitzposition, der Futterbeutel wird ca.1–2 m nach vorne geworfen. Nach Zurückhaltung des Hundes und Blickkontaktaufnahme, im Idealfall ohne Korrektur, wird der Hund zum Apport geschickt.

Ein anderes Mal kann es so aussehen, dass man mit dem Hund ein Stück weit läuft und den Futterbeutel aus der Bewegung heraus schmeißt. Der Hund soll auch hier diesem Reiz widerstehen und erst nach Blickkontakt zum Halter und Freigabe-Signal den Futterbeutel apportieren.

Die Trainingsbilder können, dem jeweiligen Trainingsstand angepasst, stetig verändert werden (vorbei rollender Ball, Beißwurst fliegt, Hasenzugmaschine bewegt sich usw.). Und erst, wenn im Übungsmodus alles ausgelotet ist, kann man die Übungen langsam in den Alltagsmodus übertragen. Findet ein Ortswechsel statt, ist zu bedenken, dass die Verleitungen erst wieder kleiner werden, um diese dann wieder zu steigern. Der Hund sollte für eine Übung immer so viele verschiedene Bilder als möglich kennenlernen, um sicher zu gehen, dass er es in einem anderen Kontext auch umsetzen kann. Denn jede Veränderung, wie z.B. ein rollender Ball auf ablenkungsarmer Wiese, kann in einer belebteren Gegend, wie beispielsweise in einem Park, schon wieder ganz anders aussehen und auf einmal nicht mehr reibungslos funktionieren. Erst wenn man so viele unterschiedliche Verleitungen und Ortswechsel als möglich trainiert hat, und einem wirklich nichts mehr einfällt, ist man in der Position, dem Hund auch zu vermitteln, dass er bestimmte Verhaltensweisen – wie beispielsweise eine Katze fixieren – zu unterlassen hat und statt dessen Blickkontakt zum Halter aufnehmen soll, was wiederum für den Rückruf sehr hilfreich ist.

7.6.1. Reizangeltraining

Eine sehr gute Trainingsmöglichkeit stellt das Reizangeltraining dar. Richtig aufgebaut verlangt es sehr viel Selbstbeherrschung und Gehorsam vom Hund ab. Es ist geradezu ideal, um Bewegungsreize einer Jagdbeute zu simulieren. Meist hängt man dazu einen Fellpüschel oder einen Fuchsschwanz an die Reizangel, der, wenn er regungslos auf dem Boden liegt, eine »ruhende Beute« darstellt. Wenn er sich hingegen bewegt, steht er für eine »belebte Beute«. Die Reizangel wird leider oftmals, auch von erfahrenen Hundetrainern, falsch eingesetzt bzw. falsch vermittelt. Sinn und Zweck der Reizangel ist es, niemals den Hund unkontrolliert hinterherhetzen zu lassen, um ihn so auszupowern. Es ist ein absurder Irrglaube, wenn man meint, damit die Jagdmotivation eindämmen zu können. Das absolute Gegenteil ist der Fall. Denn der Hund lernt nichts anderes als »Bewegungsreize sind toll«. Und schon sind wir selbst dabei, in die Falle zu tappen, unseren Hund in vermeintlich »guter Absicht« zum Jagen zu erziehen. Damit dies nicht geschieht, wird hier der genaue Aufbau des Reizangeltrainings aufgezeigt.

1. Schritt – Der Apport

Wir müssen unserem Hund, wie bei allen neuen Trainingsinhalten, die wir mit ihm erarbeiten, erst einmal vermitteln, welches Verhalten erwünscht und welches unerwünscht ist. Daher stellt der erste Schritt ein ganz normaler Apport des Fellpüschels ohne Schnur und Reizangel dar. Der Hund soll zuerst verknüpfen, dass es das Stück Fell ist, welches er apportieren soll, und das möglichst korrekt ohne zu knautschen oder in die Schnur zu beißen. Dazu wird der Fellpüschel ein Stück weit vor dem Hund auf den Boden gelegt, und bei

Blickkontaktaufnahme wird der Hund mit einem Signal z.B. »Apport« zum Apportieren freigegeben. Wenn er die Beute bringt, sollte darauf geachtet werden, dass man den Hund möglichst nahe an sich herankommen lässt und nicht schon einen Meter vorher die Hand nach dem Apportiergegenstand ausstreckt. Die Beute darf ruhig noch etwas im Fang gehalten werden, dabei kann man den Hund loben und sanft streicheln. Er wird das genießen und das Apportieren als etwas Tolles empfinden. So lernt er, die Beute stolz zu bringen, da er sie nicht gleich abgeben muss, zumindest am Anfang der Lernphase nicht. Mit zunehmender Sicherheit machen Sie nun auch die Schnur an den Fellpüschel und trainieren genauso weiter.

2. Schritt – Der Bewegungsreiz

Sitzt der erste Lernschritt sicher, wird zu Phase 2 übergegangen.

Der Hund sitzt neben seinem Halter und ist mittels einer 3 Meter-Schleppleine gesichert, deren Ende sich in der Hand des Halters befindet, das Fellstück ist nun an der Reizangel befestigt.

Es kann auch eine zweite Person zu Hilfe genommen werden, was aber kein Muss ist, da diese Übung auch alleine durchgeführt werden kann. Die Hilfsperson bewegt nun langsam die Beute ca. 2 Meter vom Hund entfernt hin und her. Es sollte darauf geachtet werden, dass der Hund trotz der Verlockung dabei sitzen bleibt. Hält der Hund nicht die Sitzposition und möchte hinterherjagen, wird er geblockt. Kann er dem Reiz widerstehen und nimmt dann auch noch Blickkontakt auf, darf er zur Belohnung die ruhende Beute apportieren.

3. Schritt – Kommandos (Abbruchsignale) einbauen

Der Hund ist neben seinem Halter, die Beute bewegt sich hin und her. Nun wird er Richtung Fellpüschel geschickt. Auf dem Weg dorthin, rufen Sie das Kommando »Platz« oder »Down«. Wenn der Hund dies befolgt und wieder Blickkontakt zu seinem Halter aufnimmt, erfolgt die Freigabe und er darf die »Beute« apportieren. Dieser Übungsablauf setzt selbstverständlich ein sicheres »Platz« oder »Down« auf Distanz voraus. Wenn das Reizangeltraining schrittweise aufgebaut wird, sind der Fantasie für weitere Trainingsvariationen keine Grenzen gesetzt. Der Hund kann beispielsweise freigegeben und die Handlung dann mit einem Rückruf oder Notpfiff abgebrochen werden. Der Hund wird freigegeben, danach ins »Platz« gelegt, dann wird ein Ball weggerollt. Nach Blickkontakt wird zunächst der Ball vom Hund apportiert, im Anschluss dann der Fellpüschel.

Wenn man den Hund auf diese Art mit der Reizangel beschäftigt, wird von Distanzkontrolle gesprochen. Das gemeinsame Tun ist kontrolliertes Jagen, da Kommunikation stattfindet!

Wichtig: Der Hund wird niemals die belebte, bewegte Beute zu fassen bekommen, geschweige denn apportieren. Er wird nur die ruhende Beute apportieren!

Die Bilder Seite 68 bis 70 zeigen Trainerin Katharina Nünninghoff mit ihrer Parson Russel Terrier-Hündin Lucie in einem fortgeschrittenen Trainingsstadium, bei dem auf das Tragen einer Schleppleine bereits verzichtet werden kann.

Lucie muss trotz der Verleitung durch den sich bewegenden Fellpüschel sitzen bleiben und sich zurücknehmen, Fotos 1 und 2.

Lucie wird zur ruhenden Beute geschickt, um diese dann zu apportieren, Fotos 1 bis 4.

Lucie darf kontrolliert jagen, da sie gelernt hat, auf Kommandos und Abbruchsignale trotz Bewegungsreiz zu reagieren, Fotos 5 und 6.

Hier erhält Lucie das Signal »Platz«, während der Fellpüschel von Katharina weiterbewegt wird.

Das Bild zeigt eine Hasenzugmaschine. Hierbei handelt es sich um ein Gerät, bei dem das Beutestück mittels Fernbedienung in unterschiedlichen Geschwindigkeiten bewegt werden kann. Die Hasenzugmaschine wird sowohl im Trainings- als auch im Alltagsmodus eingesetzt.

7.6.2. Einsatz der Hasenzugmaschine im Antijagdtraining

Nachdem das Training mit sämtlichen Bewegungsreizen sowohl im Trainings- als auch im Alltagsmodus erfolgreich absolviert wurde und auch das Tabu-Signal etabliert ist, kann man zum Training mit der Hasenzugmaschine übergehen. Die Hasenzugmaschine ist ein Hilfsmittel mit dem Bewegungsreize mittels Fernbedienung unabhängig von einer Aktion des Hundehalters oder einer anderen Person ausgelöst werden können.

Zuerst wird im Trainingsmodus gearbeitet, in der Regel in zwei Schwierigkeitsstufen.

1. Schwierigkeitsstufe (kurze Distanz)

Der Hund befindet sich in unmittelbarer Nähe zum Hundehalter, in der Position, die er bei der Leinenorientierung (Gassenübung, Basisübung) erlernt hat. In dieser Position läuft das Mensch-Hund-Team auf das sichtbare und ruhende Beutestück der Hasenzugmaschine zu. Dabei werden über die Fernbedienung langsame Bewegungsreize des Beutestücks ausgelöst. Zeigt der Hund dabei die erwünschte Reaktion, nämlich Blickkontaktaufnahme zum Hundehalter unter Beibehalten der korrekten Position, wird der Hund angemessen situations- und typgerecht sehr positiv bestätigt.

Falls der Hund bei gleicher Reizlage eine unerwünschte Reaktion (z.B. Verlassen der korrekten Position) zeigt, wird mit den Werkzeugen der Verhaltensumlenkung (siehe Kapitel 8) gearbeitet (Tabu-Signal, Alternativverhalten »Beibehalten der Position«). Wird in dieser Reizlage eine unerwünschte Reaktion gezeigt, muss solange in dieser Trainingsvariante gearbeitet werden, bis die erwünschte Reaktion kontinuierlich vom Hund an unterschiedlichen Örtlichkeiten gezeigt wird.

Eine Steigerung dieser Trainingsvariante besteht darin, dass das Beutestück in höherer Geschwindigkeit und in einer kürzeren Distanz zum Hund ausgelöst wird.

2. Schwierigkeitsstufe

Sobald die erste Schwierigkeitsstufe erfolgreich trainiert wurde, kann zur zweiten Schwierigkeitsstufe übergegangen werden, d.h. der Hund befindet sich nicht mehr in unmittelbarer Nähe des Hundehalters, sondern im Schleppleinenradius. In dieser Konstellation bewegt sich das Mensch-Hund-Team auf das sichtbare und ruhende Beutestück zu. Mittels Fernbedienung wird nun wieder ein zunächst langsamer Bewegungsreiz des Beutestücks der Hasenzugmaschine ausgelöst.

Zeigt der Hund die erwünschte Reaktion:

- **Blickkontaktaufnahme und Zurückkommen zum Hundehalter,**
- **Blickkontaktaufnahme und Platzposition wird der Hund wieder angemessen situations- und typgerecht sehr positiv bestätigt.**

Wird in dieser Reizlage eine unerwünschte Reaktion gezeigt (z.B. Fixieren des Beutestücks oder ggf. Jagdsequenzen), wird wieder mit den Werkzeugen der Verhaltensumlenkung gearbeitet (Tabu-Signal, Rückruf oder Platzposition). In dieser Trainingsvariante wird solange gearbeitet, bis die erwünschte Reaktion kontinuierlich vom Hund an unterschiedlichen Örtlichkeiten gezeigt wird.

Eine Steigerung dieser Trainingsvariante besteht darin, dass

- **das Beutestück in höherer Geschwindigkeit ausgelöst wird.**
- **eine Distanzverringerung zum Beutestück vorgenommen wird.**
- **das Beutestück nicht mehr sichtbar, sondern versteckt positioniert wird. Dadurch kann ein plötzlich auftauchender Bewegungsreiz, wie bei Echtwildbegegnung (z.B. flüchtender Hase aus hohem Gras) simuliert werden.**

Erst, wenn dieses Training erfolgreich absolviert ist, können diese Maßnahmen auch bei Echtwild umgesetzt werden.

7.7 TEAMCANIN Auslastungsmodelle

7.7.1. Longieren

Was ist Longieren?
Das Longieren wird heutzutage auf ganz unterschiedliche Arten angeboten, es kommt ursprünglich aus Skandinavien und wurde dort von der Polizei eingesetzt, um den Diensthunden Ausdauer zu verschaffen. Dann hat der Schweizer Hundetrainer Hans Schlegel in den 1980er-Jahren die Art der Hundearbeit modifiziert und für die moderne Hundeausbildung konzipiert. In Deutschland war Uwe Friedrich der erste, der das Longieren in die moderne Hundeausbildung integriert hat. Viele Hundeschulen bieten heute Longieren als Spiel und Spaß an, was natürlich vom Sinn, Ursprung und dem Potential des eigentlichen Zwecks viel nimmt und verloren gehen lässt. **Denn Longieren dient zum Aufbau der Bindung und Führung zwischen Hund und Halter und schafft somit eine harmonische Vertrauensbasis zwischen beiden.**

Longieren ist zielorientiert in Bezug auf:
Ängstliche Hunde – um sie zu desensibilisieren. Jagende Hunde – es werden sämtliche künstliche Außenreize geschaffen, bis schlussendlich Geruch und Bewegung von Wild ignoriert werden.

Leinenaggressive Hunde – lernen Konfrontationen mit Artgenossen gelassen zu begegnen und sie souverän zu meistern, in dem sie sich vertrauensvoll an ihrem Halter orientieren. Longieren ist also nicht wie fälschlicherweise oft angenommen dazu da, den Hund körperlich auszupowern oder ihn zu einem Weltmeister im Im-Kreis-Laufen auszubilden. Das Ziel ist, das Freilongieren ohne Stäbe und Band immer und überall ausführen zu können, um seinen Hund sinnvoll körperlich als auch geistig auszulasten und mit ihm zu kommunizieren. **Longieren ist also Beziehungsarbeit pur.** Wie schon erwähnt, lernt der Hund beim Longieren mit seinem Hundeführer zu kommunizieren und zwar nicht in dem man ihn lockt, sondern er soll lernen, von sich aus etwas dazu

beizutragen, um die Aufmerksamkeit seines Herrchens auf sich zu ziehen. Denn das stellt den feinen, aber großen Unterschied zwischen einem Hund dar, der nur mit Futter oder Spielzeug gelockt wird oder dem Hund, der sich die soziale Zuwendung durch eigene Anstrengung und Orientierungsverhalten verdient hat. Dieser wird sich gerne an seinem Halter in jeder Situation orientieren, während der andere schon bei der kleinsten Ablenkung den Kontakt zu seinem Herrchen abreißen lässt, weil andere Außenreize für ihn interessanter sind. Um solche Situationen gar nicht erst entstehen zu lassen, werden beim Longieren Verleitungen mit in den Trainingsablauf integriert.

Zunächst im Kreis

Beispielsweise lockt eine Fremdperson im Kreis den Hund mit Futter, dieser darf jedoch unter keinen Umständen in den Kreis kommen. Dadurch erarbeitet sich der Hundeführer seinen von ihm privilegierten Bereich (Tabuzone für den Hund). Es werden Grenzen gesetzt und dadurch Respekt geschaffen. Oder ein Ball bewegt sich im Kreis, eine Reizangel bewegt sich, zum Schluss sitzt vielleicht eine Katze oder ein anderer Hund mit im Kreis und der Hund darf trotzdem nicht das Kreisinnere betreten. Gleiches wird dann auch außerhalb des Kreises eingesetzt, sobald der Hund zuverlässig longiert werden kann und sich an seinem Halter orientiert.

Dies kann am Anfang eine mit Trockenfutter gefüllte Schüssel, später eine mit Pansen gefüllte sein. Trotzdem muss der Hund daran vorbeilaufen und sich auf seinen Halter konzentrieren. Oder wieder Verleitungen wie Bälle, Reizangel, Jogger, Hasenzugmaschine aber auch Ortswechsel usw. Ziel ist, dass der Hund begreift, dass er an fast alles herankommen kann, jedoch nicht ohne vorher mit seinem Hundehalter zu kommunizieren und nachzufragen. Er soll lernen, sich in jeder Situation zu beherrschen und Kontakt aufzunehmen, dann muss man auch im Alltag keine Angst vor brenzligen Situationen haben, da Hund und Halter ein eingespieltes Team sind.

Jorek wird an den Longierkreis herangeführt.

Der Übungsaufbau

1. Lernschritt

Zuerst muss man dem Hund begreiflich machen, dass das Kreisinnere eine Tabuzone ist, Fotos 1 bis 7. Dies erreicht man, indem man seinem Hund frontal gegenübersteht. Der Hund befindet sich außerhalb des Kreises, der Halter innerhalb. Der Hund befindet sich in der Sitzposition und wird zu Beginn des Trainings über eine Schleppleine (am Halsband befestigt) geführt. Nun testet man den Hund leicht an, dies bedeutet, dass man ihn anfangs mit Futter in das Kreisinnere zu locken versucht. Sobald dieser versucht, in das Kreisinnere zu kommen, wird er mit einer schnellen Vorwärtsbewegung körpersprachlich und in Verbindung mit dem Signal »Nein« aus dem Kreis verbannt. Wenn der Hund sich wieder außerhalb des Kreises befindet, ist alles in Ordnung und man lässt den Hund ruhig absitzen. Die gleiche Übung wird daraufhin nochmals wiederholt. Sobald sich der Hund nicht mehr verleiten lässt, geht man ruhig auf ihn zu, streichelt ihn sanft und streckt ihm die offene Futterhand entgegen. Er darf das Futter erst auf das Kommando »Nimm's« hin aufnehmen. So lernt der Hund, den privilegierten Bereich, das Kreisinnere, zu akzeptieren.

Bevor Dieter den Longierkreis betritt, lässt er Jorek absitzen.

Zu Beginn steht Dieter Jorek frontal gegenüber.

Jorek wird durch Futter verleitet, das Kreisinnere zu betreten.

Durch eine schnelle Vorwärtsbewegung wird Jorek daran gehindert, in das Kreisinnere zu gelangen.

Da Jorek sich durch Futter nicht mehr verleiten lässt, wird er von Dieter gelobt ...

... und erhält das Futterstück.

Die Bilder zeigen Trainer Dieter Prettenthaler mit seinem Australian Shepherd-Rüden Jorek.

2. Lernschritt

Der Körper zeigt frontal zum Hund (Fußspitzen zeigen zum Hund). Die Leine befindet sich in der offenen linken oder rechten Hand (je nach Richtung), die offene Handfläche zeigt nach oben, Foto 1, Seite 77. Der Hundehalter dreht sich um 90 Grad in einer Vorwärtsbewegung nach rechts oder links ein, so dass der Hund seitlich auf gleicher Höhe außen am Band mitläuft (der Hund sollte später immer auf der Höhe des Hundeführers laufen, d.h. nicht hinter und nicht vor ihm) Foto 2, Seite 78.

Der Hundeführer geht in einem ruhigen, aber bestimmten Tempo seines Weges, ohne sich nach dem Hund umzuschauen (Hund aus Augenwinkeln beobachten). Jegliches Schnüffeln oder Nachhängen des Hundes wird mit leichten taktilen Leinenimpulsen unterbunden.

Sobald das kleinste Anzeichen einer Kopfdrehung bzw. Blickkontaktaufnahme des Hundes erkennbar ist, wird er sofort freudig mit einem strahlenden Lächeln gelobt, Foto 3, Seite 79. Zeitgleich dreht man sich wieder um 90 Grad zum Hund ein (wie Ausgangsposition zu Beginn), geht ruhig auf ihn zu und streichelt ihn sanft zur Bestätigung. Gerne auch anfangs in Verbindung mit einer Futterbelohnung. Im Vordergrund sollte jedoch stets soziale Zuwendung und Lob stehen, Foto 4, Seite 79.

Wenn der Hund in eine Richtung zuverlässig longiert werden kann und häufig Blickkontakt sucht, baut man langsam Richtungswechsel ein, in dem man eine ruhige 180-Grad-Drehung macht, dabei wechselt die Leine von der linken in die rechte Hand, Foto 5, Seite 80.

Dieter steht Jorek frontal gegenüber. Die Leine befindet sich in der offenen Hand.

Dieter geht in einem ruhigen, aber bestimmten Tempo seines Weges, ohne sich nach Jorek umzuschauen.

Sobald Jorek Blickkontakt mit Dieter aufnimmt, wird er sofort mit einem strahlenden Lächeln gelobt.

Zeitgleich dreht sich Dieter wieder um 90 Grad zu Jorek ein, geht ruhig auf ihn zu und streichelt ihn.

Wenn der Hund in eine Richtung zuverlässig longiert werden kann, können Richtungswechsel eingebaut werden.

3. Lernschritt

Zunächst wird in reizarmer Umgebung longiert, um dem Hund die Chance zu geben, sicher zu werden und zu lernen, sich nur auf seinen Halter zu konzentrieren.

Dann können Signale wie »Sitz« und »Platz« als Sicht- und Hörzeichen eingeführt werden, wohlgemerkt immer nur dann, wenn der Hund schaut.

Langsam und kontinuierlich können dann künstliche Außenreize eingesetzt werden, z.B. gefüllte Futterschüssel, Ball, Reizangel, Jogger, vorbeilaufende Hunde usw.

Wenn diese Übungen zuverlässig vom Hund ausgeführt werden, kann das Longieren gerne überall in den Alltag, wo natürliche Reize vorkommen (im Wald, auf der Wiese, in städtischen Bereichen, bei Lärm ...), integriert werden. Dadurch wird der Hund immer souveräner und Mensch und Hund verschmelzen regelrecht zu einem Team. Es lässt sich feststellen, dass der Hund auch auf Spaziergängen nicht mehr so leicht ablenkbar ist, denn er hat gelernt, seinen Fokus auf Herrchen/Frauchen zu richten. Er hat außerdem gelernt, Außenreize zu ignorieren und mit seiner Aufmerksamkeit weiterhin beim Halter zu bleiben, Fotos 1 bis 6, Seite 81 bis 83.

Einsatz künstlicher Außenreize, hier durch ein »Yankee Map«.

Trotz der Verleitung durch das »Yankee Map« nimmt Jorek Blickkontakt mit Dieter auf.

Im Anschluss Freigabe zum »Yankee Map«, Fotos 3 und 4.

Bestätigung des Hundes durch gemeinsames Spiel am Longierkreis, Fotos 5 und 6.

Beginn des Kreisabbaus. Zunächst wird nur ein Teilstück entfernt.

Nach und nach werden immer mehr Teilstücke des Longierkreises abgebaut …

4. Lernschritt – Freilongieren

Das Endziel ist, das Freilongieren ohne Stäbe und Band immer und überall ausführen zu können. Dazu wird schrittweise mit dem Bandabbau begonnen. Zunächst wird ein Band zwischen zwei Stäben entfernt. Nach und nach wird jeweils auf dem offenen Kreisstück der gegenüberliegenden Seite, das jeweilige Longierband abgebaut, bis am Ende nur noch die Longierstäbe inklusive einem kurzen Stück Band als optische Orientierungshilfe für den Hund stehen, Fotos 1 bis 7, Seite 84 bis 86.

4

5

... bis nur noch die Longierstäbe mit einem kurzen Stück Band stehen.

7.7.2. Fährtenarbeit

Die Fährtenarbeit ist eine artgerechte Beschäftigung für den Hund. Sie lastet den Hund nicht nur körperlich aus, sondern auch geistig, wenn man bedenkt, dass der Hund bei der Suche ca. 300-mal pro Minute aus- und wieder einatmet. Jeder Hund liebt die Welt der Gerüche. Bei der Fährtenarbeit spielt das Alter des Hundes keine Rolle. Es ist eine sinnvolle Beschäftigung, die bis ins hohe Alter ausgeführt werden kann. Eine gute Alternative zu den Sportarten, bei denen es nur um Schnelligkeit und Tempo geht.
Dabei kommt es vor allem auf ruhiges, ausgeglichenes und konzentriertes Arbeiten vom Hund an. Der Hund soll gradlinig, intensiv, langsam und mit tiefer Nase der Spur folgen. Eine ruhige, gelassene und zuverlässige Fährtensuche in gleichmäßigem Tempo sollte das Ziel der Ausbildung sein.

Eine Fährte ist eine durch Schritte gelegte Spur, die sich auf lebendem Boden (Wiese, Wald, Acker) aus drei Geruchskomponenten (Elementargerüchen) zusammensetzt. Der Fährtengrund sollte entweder eine nicht zu hohe Wiese sein (hier ist darauf zu achten, dass die Wiese nicht frisch gedüngt ist), Ackerland (nicht frisch eingesät) oder ein für Mensch und Hund gut begehbarer Waldboden (Moosboden usw.), der nicht zu dichtes Unterholz aufweist.

Die 3 Elementargerüche

1. Der Individualgeruch des Fährtenlegers

Von uns Menschen fallen ununterbrochen Hautschuppen, Haare, Kleiderfasern o. Ä. ab. Ebenso hinterlassen Deo, Rasierwasser, Waschmittel usw. Geruchsmoleküle, die zu Boden sinken. Alle diese Gerüche, die direkt vom Hundeführer stammen, zählen zu den Individualgerüchen.

2. Die Bodenverletzung

Die Bodenverletzung findet statt, sobald die Fährte gelegt wird. Durch die Fußabdrücke wird jeder Boden auf verschiedene Weise verändert, verletzt. Es gibt die Gerüche, die durch die Veränderung der Erdkruste (z.B. blanker Acker) freigesetzt werden, dann den Geruch von verletzten Pflanzen (Acker mit Saat, Wiesen etc.). Zu guter Letzt haben wir dort noch die Mikroorganismen, welche durch den Fußabdruck zerquetscht werden. All diese Gerüche, die direkt vom Untergrund stammen, zählen zu den Bodenverletzungsgerüchen.

3. Der Gärungsprozess

Durch die gesamte Bodenverletzung setzt ein Gärungsprozess ein. Verschiedenste Bakterien sammeln sich in den zerstörten Pflanzen und Gräsern. In kurzer Zeit setzt Fäulnis ein, durch die verschiedene Gase freigesetzt werden. Das Gleiche passiert mit den zertretenen Kleinstlebewesen. Gerüche, die innerhalb dieses Prozesses entstehen, zählen zu den Gärungsgerüchen.
Diese drei Elementargerüche ergeben den Fährtenleit-Geruch, an dem sich der Hund vom Abgang (Aufnahme des Geruchs/Anfang der Fährte) über die gesamte Fährte hin komplett orientieren soll.
Dazu kommt, dass in jeden Schritt ein Stück Futter gelegt wird. Der Hund wird dadurch auf den Fährtenleit-Geruch konditioniert, weil er nur und ausschließlich auf dem zerstörten Boden Futter findet. Das Futter sollte nicht zu geruchsintensiv sein. Die Größe des Futters sollte so sein, dass der Hund möglichst nicht kauen muss, damit der Suchrhythmus des Hundes nicht unterbrochen wird. Es sollte darauf geachtet werden, dass immer das gleiche Futter ausgelegt wird, damit dieses ein Bestandteil des Fährtenleit-Geruches

ist, der dann zu einem späteren Zeitpunkt abgebaut wird.
Der Hund kann diese Gerüche mit seiner feinen Nase aufnehmen und von dem anders gearteten Duft der Umgebung (unverletzter Boden) unterscheiden. Vor ihm liegt ein exakt markierter Pfad, dem es zielstrebig zu folgen gilt. Die Fährte führt später durch unterschiedliches Gelände, auch über Wege. Dabei ändert sich der Fährtengeruch, wenn die Fährte zum Beispiel von einem Acker über Wiesen auf Waldboden überwechselt.
Die Haltbarkeit einer Fährte ist sehr unterschiedlich. Sie variiert je nach Bodenart, örtlichem Klima, Jahreszeit und dem jeweiligen Wetter.

Andere Spuren, wie z.B. Wild oder Menschen, können die Fährte kreuzen. Eine erfahrene und gut ausgebildete Schnüffelnase ist in der Lage, die einmal aufgenommene Fährte noch mehrere Stunden, nachdem sie gelegt wurde, auch über kreuzende und nahezu zeitgleich gelegte Verleitungsfährten hinweg zu verfolgen.
Das Ziel der Fährtenarbeit ist, mit dem Hund eine Strecke von mehreren 100 Metern abzugehen. Dabei soll der Hund jeden Richtungswechsel, jeden Geländewechsel, jeden Bogen, jeden Winkel exakt und konzentriert mit tiefer Nase Schritt für Schritt ausarbeiten. Verleitungen jeglicher Art sollten dabei vom Hund völlig ignoriert werden.

Der Aufbau der Fährte

Die Fährtenausrüstung besteht aus einem Halsband, einer langen Leine, einem Markierungsstab und Futterstückchen. Die Fährte sollte möglichst auf einer saftigen, grünen Wiese begonnen werden. Der Bewuchs sollte nicht über ein paar Zentimeter hoch sein. Für den Anfang der Fährtenarbeit ist dieser Boden genau richtig. Vor dem Legen einer Fährte, sollte der Wind geprüft werden (die Fährte sollte am Anfang immer in Windrichtung gelegt werden; bei seitlichem Wind wird ein Großteil des Fährtenleit-Geruchs weggetragen, bei entgegenkommendem Wind wird der Hund vom Fährtenleit-Geruch nahezu überrollt. Das kann dazu führen, dass der Hund die Nase hochnimmt.).

Der erste Schritt beinhaltet das Legen von Quadraten (ca. 1 x 1 m). In dieses wird Futter hineingelegt (nur in den ausgetretenen Teil des Quadrates). Der Hund soll hier den Unterschied von verletztem und unverletztem Boden kennenlernen. Dadurch, dass nur in dem verletzten Boden Futter ausliegt, wird dieser Geruch (Fährtenleit-Geruch) für ihn positiv und wichtig. Er hebt sich deutlich von dem danebenliegenden, unverletzten Boden ab.
Den Fährtenabgang (Anfang einer Fährte) kennzeichnen wir uns mit einem Markierungsstab (angespitztes Holz o. Ä.), damit wir diesen später noch wiederfinden können. Innerhalb dieses Bereiches lernt der Hund den geruchsspezifischen Fährtenleit-Geruch kennen.
Der Hundeführer geht auf einen vorher festgelegten Punkt zu. Kurz vor diesem Punkt geht der Hundeführer mit drei bis vier großen Schritten nach vorne, damit keine Fährtenspur in den Abgang hineinführt. Den Markierungsstab stecken wir an unserer linken Ferse in den Boden. Der Hund wird bei den ersten zwei und drei Quadraten von einer zweiten Person im Abstand von ca. drei Metern gehalten und darf zusehen (später soll der Hund nicht mehr in Sichtweite sein), während der Hundeführer sorgfältig ein klar definiertes Quadrat austritt (ca. 1 x 1 m). Dieses Austreten geschieht mit Tritten und nicht

mit Scharren. Dann werden kleine Futterstücke in diesem Quadrat verteilt. Diese sollten optisch nicht zu sehr hervorstechen. Wichtig ist, dass der Hundeführer das Quadrat nicht verlässt und daneben tritt. Wenn das erste Abgangsfeld getreten und mit Futter präpariert wurde, verlässt es der Hundeführer mit wiederum drei bis vier großen Schritten. In einiger Entfernung treten wir noch zwei bis drei weitere Quadrate aus (der Abstand der einzelnen Quadrate sollte mindestens 15 Meter betragen). Bevor wir den Hund zum ersten Abgang hinführen, lassen wir diesen Blase und ggf. Darm noch mal entleeren. In dieser Zeit kann sich der Fährtenleit-Geruch entwickeln. Außerdem können wir den Hund durch einen kleinen und ruhigen Spaziergang auf die Arbeit vorbereiten.
Der Hundeführer nimmt den Hund nun an die Leine und führt diesen ruhig in Richtung des ersten Quadrates, lässt ihn absitzen und wartet einen Augenblick (der Hund sollte gerade zum Abgang sitzen, der Markierungsstab ist vorne links). Danach lässt der Hundeführer den Hund mit einer Handbewegung, die zu dem Quadrat zeigt, in das Geruchsfeld hineingleiten. Der Hund wird nun automatisch anfangen, am Boden zu schnüffeln. Der Fährtenleit-Geruch, bei dem anfangs Futter ein Bestandteil ist, bekommt durch das ausgelegte Futter besondere Wichtigkeit.

Der Hundeführer achtet darauf, dass die Leine locker ist und der Hund nicht gestört wird. Nah am Quadrat stehend wartet er freundlich ab, wie der Hund den Abgang aussucht. Wenn der Hund das ausgetretene Quadrat verlässt, bleibt der Hundeführer ruhig stehen und hält den Hund an der Leine (Spielraum ca. 30 cm). Der Hund soll eigenständig wieder in das Geruchsfeld eintauchen. Er soll lernen, dass es sich lohnt, sich im Zentrum des Fährtenleit-Geruchs aufzuhalten, denn dort ist die Wahrscheinlichkeit von Futter viel größer als außerhalb des Quadrates. Außerhalb zu schnuppern lohnt sich nicht.
Wenn noch wenige Stücke Futter (3 bis 4) in dem Quadrat liegen, wird der Hund sanft am Halsband genommen, ruhig mit der Stimme gelobt und aus diesem hinausgeführt. Damit wird eine Steigerung des Triebes auf die Fährte erreicht.
Nach einer kurzen Ruhepause, in der Toben und Spielen mit anderen Hunden vermieden wird, gehen wir zum nächsten Quadrat und lassen dies wie oben beschrieben aussuchen.

Lernziel dieser ersten Trainingseinheiten ist: Bodengerüche, aber insbesondere die Gerüche der menschlichen Trittspur, sind interessant und lohnenswert, da sich dort viel Futter befindet. Wenn die Quadrate vom Hund korrekt abgesucht werden, legen wir anstatt dieser nun Dreiecke, woraus später die eigentliche Fährte abgeht.
In das Dreieck legen wir am unteren Ende zwei Reihen mit reichlich Futter (Abstand des Futters ca. 1 cm), der mittlere Bereich des Dreiecks wird nur mit wenig Futterstücken ausgelegt. Kurz vor der Spitze liegen dann nur noch zwei Stücke und in der Spitze selbst dann nur noch ein Stück Futter. Das soll bewirken, dass der Hund das Dreieck an der richtigen Stelle anfängt, abzusuchen und sich dann langsam an die Spitze vorarbeitet. Der Hund wird auch aus dem Dreieck sanft rausgenommen, wenn noch zwei bis vier Stücke Futter darin liegen. Wenn auch dieses Dreieck gut ausgesucht wird, fangen wir an, aus diesem heraus, die eigentliche Fährte zu legen. In die Spitze des Dreiecks wird wie gewohnt ein Stück Futter gelegt.

Um dem Hund aber den »Ausgang« aus dem Dreieck zu verdeutlichen, legen wir fünf bis sechs Stücke Futter aus der Spitze heraus. Dann gehen wir aus der Spitze des Dreiecks hinaus und treten auf diese Futterstücke. Wichtig ist, dass jetzt ein Fuß vor den anderen gesetzt wird (Gänsefüßchen), kurze Schrittlänge in gerader Linie.

In jeden Schritt kommt ein Stück Futter. Es ist darauf zu achten, dass das Futter wirklich nur unter dem Fuß liegt und nicht neben der Fährte. Denn nur in der Fährtenleitspur soll der Hund Futter finden. Würde der Hundeführer von Anfang an seinen normalen Schritt gehen, bestünde die Gefahr, dass der Hund nur die linke oder nur die rechte Spur der Schritte absucht. Und da das Futter so weit auseinanderliegen würde, wäre auch das Tempo des Hundes von Anfang an zu schnell (er will ja schnell an seine Belohnung kommen).

Der Hund wird wie gewohnt an das Dreieck herangeführt und wird nun aus der Spitze heraus noch mehr Futter und Fährtenleit-Geruch riechen. Er befindet sich jetzt auf der Fährte! Wenn der Hund nun aus der Fährte hinausgeht, geben wir ihm wiederum eine Karenz von ca. 30 cm zu jeder Seite. Erwird nur gehalten, bis er selbständig wieder auf der Fährte ist. Der Hund macht hier eine wichtige Erfahrung: Außerhalb des Fährtenleit-Geruchs liegt niemals Futter und es gibt kein Vorankommen. Der Hundeführer sagt kein Wort, bleibt völlig ruhig und gelassen und verhindert nur, dass der Hund sich weiter von der Fährte entfernt.

Er wird sich von selbst wieder der Fährte zuwenden, dort seine Belohnung finden und somit der Spur weiter folgen. Sollte das Such-Tempo auf der Fährte zu schnell sein, kann der Hund durch den Hundeführer gehalten werden. D. h. der Hundeführer zieht den Hund nicht zurück, sondern geht einfach sein eigenes Tempo weiter und hält dabei den Hund in diesem Tempo. Er wird schnell lernen, dass er mit Schnelligkeit nicht weiterkommt und sich dem Tempo anpassen.

Die Fährtenlänge beträgt hier ca. 20 Meter und wird von Mal zu Mal länger. Der Hund wird kurz vor dem Ende der Fährte sanft am Halsband und mit lobenden Worten aus der Spur genommen. Dabei ist es wichtig, dass der Hund die Nase auf dem Boden hat und sich noch beim »Arbeiten« befindet. Es gibt kein Fährtenende.

Lernt der Hund, dass dort etwas Besonderes auf ihn wartet (Jackpot) wird er unruhig und unkonzentriert suchen, weil er das Ende der Fährte kaum abwarten kann. Die Belohnung ist die gemeinsame Arbeit mit dem Hundeführer. Bestätigung findet der Hund während der gesamten Arbeit. Wichtig für den Hundeführer ist, dass dieser sich einen markanten Punkt am Ende der Fährte merkt, damit er den Hund frühzeitig aus der Fährte nehmen kann. Während der Fährte sollte sich der Hundeführer still verhalten und ruhig hinter dem Hund hergehen (ca. 1 Meter Abstand). Die Leine sollte dabei locker sein.

Die Dreiecke (Fährtenabgänge) werden von Mal zu Mal kleiner, die Fährtenstrecke wird von Mal zu Mal länger. Immer noch liegt in jedem Schritt ein Stück Futter.

Sucht der Hund die Spur nun ruhig und konzentriert aus, kann der Hundeführer langsam dazu übergehen, die Schritte etwas zu verlängern, aber immer noch voreinander zu setzen. So nähert er sich im Laufe des Trainings langsam immer mehr einer normalen Schrittlänge. Wenn der Hund gelernt hat, jeden Schritt korrekt abzusuchen, können die Schritte versetzt werden.

Dabei sollte dann aber wieder die Schrittlänge verringert werden, um es dem Hund so einfach wie möglich zu machen (er muss ja jetzt nicht mehr nur geradeaus suchen, sondern links und rechts, dabei soll die Hinterhand des Hundes gerade auf der Spur bleiben). Dann ist es irgendwann die normale Schrittlänge und -breite des Hundeführers, die der Hund aussuchen muss.
Auch können leichte Bögen in die Fährte eingebaut werden. Diese können nach links oder rechts abgehen. Geht ein Bogen nach links ab, tritt der rechte Fuß zuerst in den Bogen ein, damit der Hund diesen korrekt aussuchen kann. Geht der Bogen nach rechts ab, tritt der linke Fuß zuerst in den Bogen ein. Wichtig für den Suchrhythmus des Hundes! Hierbei ist zu beachten, dass circa 5 Meter vor, während und circa 5 Meter nach dem Bogen, die Schrittlänge wieder so verringert wird, dass ein Fuß vor den anderen gesetzt werden kann.

Der Hund sollte an einem Tag nur eine »Neuerung« in der Fährte erfahren, damit er nicht überfordert wird und sich dann Fehler einschleichen. Vor Beginn einer Fährte sollte man sich also ein ganz klares Trainingsziel setzen (Bögen oder Winkel oder Schritte oder Geländewechsel) und dafür andere Ausbildungskriterien zurückschrauben, um dem Hund die Neuerung so einfach wie möglich zu gestalten. D. h., es sollten nicht zwei oder mehrere Übungsdetails gleichzeitig gesteigert werden.
Werden die Bögen vom Hund gut ausgearbeitet, können diese nach und nach enger werden. Der Hundeführer muss hier darauf achten, dann wieder mit der Schrittlänge zu variieren, damit der Hund die Möglichkeit hat, auch dieses korrekt auszuführen. (Wird der Bogen enger, sollten die Schritte wieder kleiner werden.)

Gerät der Hund mal ins Stocken, wartet der Hundeführer in Ruhe ab, bis der Hund sich wieder auf der richtigen Spur befindet. Ungeduld hat hier nichts zu suchen. Das Hin- und Herpendeln des Kopfes zeigt an, dass der Hund gerade von der eigentlichen Fährte abgekommen ist. Der Hund sollte hier nicht mit Kommandos gestört werden. Er ist ja bei der Arbeit. Hier sollte der Hundeführer dem Hund Vertrauen und die Zeit schenken, das Fährtenproblem selbst zu lösen.
Als weitere neue Herausforderung an den Hund können auch Geländewechsel, Gräben, Traktorspuren o. Ä. in die Fährte mit eingebaut werden. Wichtig hierbei ist die Genauigkeit, mit der der Hundeführer diese Spuren legt. Vor jeder Neuerung sollte die Schrittlänge verkürzt werden. (Immer noch liegt in jedem Schritt ein Stück Futter.)
Der Hund sollte alle Änderungen in der Fährte (Bögen, Winkel, Geländewechsel, Gräben, Traktorspuren usw.) ohne Unterbrechung des Fährtenflusses ausarbeiten. Der Hundeführer kann ihm dabei behilflich sein. Er sollte die Spur vom Anfang bis zum Ende flüssig und gleichmäßig legen.
Legt der Hundeführer z. B. das erste mal eine Spur durch einen Graben, wird diese Fährte wieder in kleinen Schritten gelegt und sollte absolut kerzengrade durch diesen Graben führen. Der Hundeführer befindet sich bei dieser neuen Übungsanforderung näher am Hund (dieses sollte bei jeder neuen Herausforderung der Fall sein), ohne ihn jedoch zu stören. Ebenso bei Traktorspuren oder bei einem Geländewechsel. Auch der Fährtenuntergrund sollte variieren. Im Ackerboden leben andere Mikroorganismen als auf der Wiese. Eine neue Erfahrung für den Hund ist auch der Waldboden, mit wenig Unterholz. Hier sind verstärkt Wildgeruch und -spuren gegeben.

Werden Bögen auf der Fährte vom Hund gut ausgearbeitet, können diese immer enger werden, bis daraus Winkel entstehen. Auch hier werden natürlich die Schritte wieder kleiner. Ca. 5 Meter vor, während und ca. 5 Meter nach dem Winkel, sind die Schritte wieder so klein, dass der Hund dieser Richtungsänderung folgen muss.

Das Fährtenalter und die Fährtenlänge sind weitere Punkte und neue Anforderungen an den Hund. Das Fährtenalter ist die Zeit, die zwischen Beendigung des Legens bis zum Ansetzen des Hundes an die Fährte vergeht. Dies kann von wenigen Minuten bis hin zu mehreren Stunden sein. Damit sich der Fährtenleit-Geruch jedoch entwickeln kann, sollten mindestens zehn Minuten vergehen. Je länger eine Fährte liegt, umso wahrscheinlicher sind natürliche Verleitspuren durch Spaziergänger, andere Hunde, Wildtiere o. Ä., die unbewusst unsere Fährte gekreuzt haben. Eine ältere Spur riecht ganz anders als eine frisch gelegte Fährte. Witterungseinflüsse beeinflussen unsere Spur umso mehr, je länger diese liegt.

Die Möglichkeiten der Fährtengestaltung sind sehr variabel. Es ist darauf zu achten, dass der Hund niemals überfordert wird. Man sollte das Training flexibel gestalten. Von alten auf frische Fährten, von langen auf kurze. Schwierigkeiten sollten immer nur minimal erhöht werden. Auch erfahrene Hunde sollten zwischendurch eine kurze und einfache Spur verfolgen.

Eine zuverlässige Fährtensuche wird durch Generalisieren erreicht. D. h. dass diese Übungen auf möglichst viele verschiedene Orte, Tageszeiten, Ablenkungen und Umwelteinflüsse übertragen wird. Häufig und überall trainiert, wird die Arbeit auf der Fährte immer zuverlässiger.

Verleitungen

Verleitungen können unterschiedlichster Art sein. Man kann z. B. eine frische Fährte neben einer alten Fährte legen. Man lässt eine Person, mit oder ohne Hund, die Fährte kreuzen. Man kann verschiedene Gerüche (Kraftbrühe, Müllsack o. Ä.) neben der Fährte verteilen. Dies alles in einem großen Abstand (am Anfang ca. 3 Meter), der dann verringert werden kann. Zu erwähnen ist auch die sogenannte Verleitfährte. Die Trittspur, einer anderen Person, die die Fährte kreuzt. Diese Verleitfährte darf nie vom Hundeführer selbst gelegt werden. Auf dieser Verleitspur wird kein Futter ausgelegt.

Die Verleitspur wird in einem Abstand von mindestens 30 Minuten zur Ursprungsfährte getreten. Nach genauer Absprache und in normaler Gangart kreuzt eine andere Person die Ursprungsfährte an bestimmten Stellen, ohne dabei Futter auszulegen. Die Überschneidung der Fährte sollte nicht vor oder nach Winkeln geschehen. Der Hundeführer sollte bei seiner Fährte nah am Hund sein. Bleibt der Hund am Überschneidungskreuz stehen und schnuppert in alle möglichen Richtungen, reagiert der Hundeführer gelassen und wartet entspannt ab. Sollte der Hund der falschen Spur folgen, bleibt der Hundeführer eisern stehen. Bewegt sich der Hund zur Ursprungsfährte, bekommt er sofort wieder Leine und der Hundeführer folgt seinem Hund. Dieser wird bald durch das nächste Stück Futter für die »richtige Entscheidung« belohnt.

Der Futterabbau

Erst, wenn der Hund absolut korrekt und konzentriert alle Fährtenschwierigkeiten über viele Trainingseinheiten ausgearbeitet hat, denkt man an den Futterabbau. Wenn damit begonnen wird, das Futter abzubauen, ist darauf zu achten, dass dies ganz langsam erfolgt. Das Futter wird pulverisiert und in einen Salzstreuer gefüllt. Ohne jegliches Schema lassen wir auf unserer Fährte mal einen Schritt ohne Futter und streuen in diesen stattdessen den »Futterstaub«. Zu beachten ist hierbei, dass das Pulver auch wirklich nur in den Fußtritt gelangt und nicht daneben. Insbesondere ist der Wind zu beachten. Der Salzstreuer sollte deshalb tief in den Fußtritt gehalten werden.

Auf der Fährtenspur wechseln sich nun Schritte mit Futter und futterlose (aber bestäubte) Strecken ab. Die Geruchsmoleküle des Staubes fesseln den Hund in den futterlosen Schritten und wecken sein Interesse. Dieser Schritt soll intensiv vom Hund ausgeschnüffelt werden. Er behält so sein Such-Tempo bei. So lernt der Hund, die Spur langsam abzusuchen, auch wenn mal kein Futter in einem Schritt liegt. Dafür wird er im nächsten oder übernächsten Schritt mit einem Stück Futter belohnt.

Futter und Futterstaub sollten absolut zufällig variieren, wobei am Anfang die Strecke mit Futter überwiegt. Nach und nach verschiebt sich das Verhältnis von Futter und Futterstaub. Zwischendurch sollte immer mal wieder eine Fährte mit sehr viel Futterbelohnung abgesucht werden. Der Hund soll nie wissen, ob auf einer Spur viel oder wenig Futter liegt.

Zum Ende des Abbautrainings schleichen sich zwischendurch mal ganz leere Schritte in die Futterstaubfährte ein. Durch die Gewissheit des Hundes, immer mal wieder Futter auf einer Spur zu finden, und durch die Macht der Gewohnheit, wird der Hund auch auf futterfreien Fährten seine Aufgabe erfüllen können.

Am nächsten Tag sollte dann für eine mit reichlich Futter bestückte Fährte gesorgt werden.

Die Bilder 1 bis 14 (Seite 93 bis 100) zeigen Trainerin Nicole Klee mit ihrer Labrador-Hündin Emma.

Ausgestattet mit Fährtenfähnchen und ausreichend Futter geht Nicole mit drei bis vier großen Schritten zum eigentlichen Fährtenabgang, damit keine Fährtenspur in den Fährtenabgang hineinführt.

Kennzeichnung des Fährtenabgangs: Das Fährtenfähnchen wird mit ausgestrecktem Arm auf Höhe der linken Ferse in den Boden gesteckt.

Nicole beim Austreten des Fährtenquadrates (ca. 1 m x 1 m breit).

Auslegen des Fährtenquadrates ...

… mit kleinen Futterstückchen, Fotos 4 bis 6.

Nicole geht zu Emma zurück ...

... und führt diese dann ruhig zum Fährtenabgang.

Nicole lässt Emma gerade zum Fährtenabgang absitzen …

… und lässt sie dann mit einer Handbewegung, die in Richtung Fährtenquadrat zeigt, in das Geruchsfeld hineingleiten.

Emma sucht ruhig und konzentriert …

... das Fährtenquadrat nach den ausgelegten Futterstücken ab.

Emma auf der eigentlichen Fährte, die vom Fährtendreieck herausführt. Sobald der Hund gelernt hat, die Fährtenquadrate und im nächsten Lernschritt die Fährtendreiecke korrekt abzusuchen, wird begonnen, die eigentliche Fährte aus dem Fährtendreieck heraus zu legen.

Emma wird kurz vor dem Ende der Fährte sanft am Halsband und mit lobenden Worten aus der Spur genommen. Dabei sollte der Hund die Nase am Boden haben und sich noch am »Arbeiten« befinden.

7.7.3. Eigentrail

Was ist unter einem Eigentrail zu verstehen?

Beim Eigentrail lernt der Hund, sich mit der Nase an einer menschlichen Geruchsspur zu orientieren und diese über eine große Entfernung auszuarbeiten.

Diese Arbeit erfordert höchste Konzentration vom Hund und fördert die geistige und körperliche Leistungsbereitschaft. Mit dieser Art der Nasenarbeit kann man dem Hund ein Ventil geben, seine natürliche Veranlagung auszuleben und diese dabei in natürliche Handlungen zu lenken.

Worin liegt der Unterschied zwischen Eigentrail und Fährten?

Beim Fährten orientiert sich der Hund vorrangig an den Bodenverletzungen, die durch Tritte auf Acker, Wiese, Waldboden entstehen. Beim Eigentrail orientiert sich der Hund am Individualgeruch des Menschen. Dieser wird in Form eines Geruchsartikels, z.B. eines getragenen Kleidungsstückes, gegeben. Ihm haftet ein Gemisch aus bakteriellen, hormonellen und chemischen Abbauprodukten des Stoffwechsels sowie Duftdrüsensekreten an und beinhaltet alle Informationen des Individualgeruchs der zu suchenden Person.

Der Mensch verliert pro Minute ca. 40.000 bis 50.000 Hautschuppen. Auf diesen sitzen Bakterien, die sich von ihnen ernähren. Sobald diese Zellen absterben, werden sie vom Körper abgestoßen. Diese Hautpartikel werden in zwei Gruppen aufgeteilt, in klebende und in schwebende Partikel. Die größeren Hautpartikel (Klebepartikel) verbinden sich aufgrund von Talg und fallen zu Boden. Die kleineren Partikel (schwebende Partikel) verteilen sich in der Luft. Hinzu kommen Substanzen des täglichen Lebens, mit denen der menschliche Körper im Alltag in Berührung kommt. Dazu gehören z.B. Seife, Rasierwasser, Creme, Waschpulver, Zigarettenrauch und vieles mehr.

Mantrail oder Eigentrail?

Der Eigentrail wird genauso aufgebaut wie der Mantrail. Der Nachteil beim Mantrail liegt allerdings im großen Zeitaufwand und der Tatsache, dass man dazu immer Fremdpersonen braucht, die sich für das jeweilige Mensch-Hund-Team verstecken (Versteckperson).

Beim Eigentrail hingegen kann der Hundehalter ganz alleine im Alltag entscheiden, wann und wo er trailen möchte, da der Hund einen Gegenstand sucht, dem der Eigengeruch seines Menschen anhaftet. Beim Mantrail hingegen sucht der Hund den Individualgeruch einer fremden Person. Man kann aber später durchaus auch Geruchsartikel von Fremdpersonen beim Eigentrail einsetzen. Am Ende findet der Hund keine Versteckperson wie beim Mantrail, sondern lediglich den Geruchsartikel der Fremdperson.

Für welchen Hund ist der Eigentrail geeignet und was bringt dieses Auslastungsmodell?

Nahezu jeder Hund kann trailen, sofern keine gesundheitlichen Probleme im Bereich Herz/Lunge oder des Bewegungsapparates vorliegen. Hier wäre SniffleDog® ein geeignetes Auslastungsmodell. Durch Trailarbeit bietet man seinem Hund die natürlichste Art der Auslastung, er befindet sich sozusagen in seiner eigenen Welt – der wunderbaren Welt der Gerüche. Hunde sind nun mal absolute Nasenprofis, was liegt also näher, als sie mit dem zu beschäftigen, was sie am besten können? Des Weiteren kann Trailen eine wunderbare Form sein, einem Menschen seinen Hund ein Stück näherzubringen und im Umgang mit diesem selbstsicherer zu machen. Aber auch um unsicheren Hunden mehr Selbstbewusstsein durch das Bewältigen der bei der Nasenarbeit gestellten Aufgaben zu geben. Genauso dient es der Resozialisierung, egal ob Probleme aus dem Bereich der Angst oder Aggression vorhanden sind. Die Beobachtungsgabe des Menschen wird geschärft, da dieser seinen Hund zu lesen und dessen Körpersprache zu deuten lernt. Die Beziehung zwischen Mensch und Hund wird vertieft, da beide etwas gemeinsam tun und einander vertrauen lernen. Schließlich gibt der Mensch seinem Hund einen Auftrag durch die Geruchseingabe, die dieser motiviert ausführt und beide ans Ziel bringt, dies ist ein unbeschreiblicher Glücksmoment für beide.

Welches Geschirr und welche Leine benötigt man?

Es gibt viele Geschirre, die sich für das Trailen eignen. Aber am Wichtigsten ist, dass es dem Hund gut passt und er sich damit wohlfühlt. Es sollte nicht verrutschen und auch nicht unter den Achseln scheuern. Ganz wichtig ist außerdem, dass es stabile Verschlüsse hat, die sich nicht zu leicht öffnen, da der Hund ja an der Leine ziehen darf.

Als Leine eignet sich eine 5–8 Meter lange Beta-Biothane-Leine. Dieses Material ist sehr strapazierfähig und lässt sich auch bei nassem Wetter gut handeln, da es rutschfest ist und nicht in den Händen brennt, wenn plötzlich mal unerwartet Zug aufkommt. Gurtleinen oder Stoffleinen sollte man möglichst meiden, da sie oben genannte Kriterien nicht erfüllen und zudem bei Nässe schwer werden.

Anmerkung zum Leinenhandling und der Körperhaltung beim Trailen

Die richtige Bewegung und das Zusammenspiel der Hände und Arme sind beim Trailen sehr wichtig, da sie über die Leine eine direkte Verbindung zum Hund darstellen. Beide Arme/Hände haben unterschiedliche Aufgaben, es gibt die Führhand (vorne) und die Hand, die zuarbeitet (hinten). Bei Rechtshändern ist meist die linke Hand die Führhand. Beide Hände werden leicht hintereinander versetzt gehalten. Die Führhand gibt dem Hund die nötige Sicherheit und Stabilität, um flüssig zu arbeiten und ermöglicht ihm somit, die Körperspannung zu halten. Die hintere Hand dient dazu, die benötigte Leinenlänge zu steuern.

Der Aufbau eines Eigentrails

Die ersten Trails führt man am besten auf einem ruhigen, abgelegen und schmalen Waldweg aus, um sicher zu stellen, dass die Geruchspartikel nicht so weit vom Wind weggetragen werden können, was auf einer offenen Wiese oder einem Acker nur bei absoluter Windstille gegeben wäre. Es ist sinnvoll, die Windrichtung mit etwas Babypuder zu bestimmen. Bitte niemals den Trail gegen den Wind legen, da der Hund sonst förmlich von den Geruchspartikeln überrollt würde und in die umgekehrte Richtung suchen könnte, was durchaus logisch wäre! Am Anfang würde das den Hund nur zu Fehlern verleiten, also bitte erst die Windrichtung bestimmen. Der Hund darf beim Legen der ersten Trails noch zuschauen, sollte später aber außer Sicht gebracht werden.

Trail-Geruchsträger

Ein getragenes Kleidungsstück dient als Geruchsträger, auf dem Futter ausgelegt ist.

1. Schritt

Man nimmt als Geruchsträger ein getragenes Kleidungsstück, z.B. ein T-Shirt. Dieses legt man vor sich auf den Boden und zerbröselt darauf großflächig etwa zwei Stück Trockenfutter. Dies dient dazu, den Hund länger an den Geruchsträger zu binden und den Geruch intensiv aufnehmen zu lassen, Fotos oben.

2. Schritt

Dann nimmt man ein zweites T-Shirt, das mittels Karabiner an einer Leine befestigt wird, und lässt es vor dem ausgelegten Kleidungsstück über den Boden gleiten. Jetzt geht man einen Schritt geradeaus und schleift das Kleidungsstück zwischen den Beinen hinter sich her, Foto unten.

Dadurch bringt man die Geruchspartikel direkt auf den Boden. Jetzt legt man in ca. 60 cm Abständen Trail-Geruchsträger aus, die dem Gelände farblich angepasst sein sollten (ca. 8 x 8 cm groß).

Auf jeden dieser Trail-Geruchsträger legt man ein Stück Futter.

Die Abstände der Stofffetzen sind zu Beginn der Eigentrailarbeit gering gewählt. Dadurch wird gewährleistet, dass der Hund lernt, mit tiefer Nase konzentriert und langsam zu suchen, dass er nicht zu schnell wird und dabei lernt, ausgelegte Stoffstücke zu überlaufen.

Eigentrail

Legen des Eigentrails.

Auslegen der Futterstücke auf die einzelnen Trail-Geruchsträger.

3. Schritt

Am Ende des Trails legt man nun das zweite Kleidungsstück ab. Darunter versteckt man ein kleines Döschen mit ein wenig Futter darin, also nicht sichtbar für den Hund, da er sonst nur schnell ans Ziel, den Jackpot, kommen will. Er soll lernen, dass der Weg das Ziel ist und nicht umgekehrt. Nun entfernt man sich in einem großen Bogen vom Endpunkt und geht zum Anfangspunkt zurück, wo der Hund wartet. Bitte niemals auf direktem Weg zurücklaufen, da dies den Hund verunsichern würde, denn Hunde können wunderbar zwischen frischen und alten Spuren unterscheiden, genauso wie sie zwischen hin und weg führenden Spuren unterscheiden können.

4. Schritt

Nun führt man seinen Hund am Halsband bis ca. einen Meter vor den Geruchsträger und lässt ihn absitzen. Man gewöhnt schon jetzt den Hund an ein Ritual, um ihn in Suchstimmung zu bringen, z.B. das Switchen der Leine von Halsband auf Suchgeschirr. Dann weist man den Hund mit einer nach vorne gestreckten Handbewegung in Richtung Kleidungsstück ein. Der Hund sollte freudig an den Geruchsträger herangehen und sich selbständig von diesem lösen, um die Geruchsspur und die darauf liegenden Futterstücke aufzunehmen. Der Hundeführer befindet sich ca. 1,5 Meter hinter dem an der Schleppleine geführten Hund. Da dies eine hoch konzentrierte Arbeitsleistung ist, sollte der Hund so wenig wie möglich vom Hundeführer gestört oder bedrängt werden.

Ritualisierung vor Eigentrail-Beginn: Anlegen des Trailgeschirrs.

Umswitchen der Leine vom Halsband …

… auf das Trailgeschirr.

Deshalb läuft der Hundeführer nur dann mit, wenn sich auch der Hund in Bewegung befindet. Die Leine sollte straff, jedoch nicht auf Zug gehalten werden, da die Einwirkung der Leine den Hund behindern könnte. Sollte der Hund sich auf einmal umdrehen und in Richtung Hundeführer suchen, wird er nicht blockiert, indem man stehen bleibt, sondern man dreht sich um 90 Grad ein, um den Hund ungestört weitersuchen zu lassen. Der Hund darf durchaus auch 2–3 Meter nach links oder rechts suchen, da sich die Geruchspartikel je nach Witterung verteilen können. Sollte der Hund zu weit abschweifen, blockiert man ihn ganz kurz, indem man die sonst offene Leinenhand schließt und gleich wieder öffnet. Der Hundeführer sollte tiefenentspannt und stets ruhig

Swen weist Aiko mit einer nach vorne gestreckten Hand in Richtung des ersten Geruchsgegenstandes ein.

mit dem Hund arbeiten und darauf achten, dass der Hund durch Eigenmotivation ans Ziel gelangt und nicht durch Richtungsweisung des Hundeführers. Wenn der Hund die Spur sauber ausgearbeitet hat und am zweiten Kleidungsstück (Trailende) angekommen ist, wird er mit ruhiger Stimme gelobt und erhält etwas Futter aus dem unter dem Kleidungsstück versteckten Döschen. Jetzt wird die Leine wieder vom Suchgeschirr auf das Halsband gewechselt. Dies signalisiert dem Hund das Ende seiner Arbeit. Im Anschluss wird der Hund ruhig vom Suchgebiet weggeführt, Fotos 14 und 15, Seite 112.

Anmerkung:
Sollte der Hund vor der Suche aufgedreht sein, wird er nicht zur Suche angesetzt. Stattdessen kann man beispielsweise zur Dämpfung des Erregungszustandes noch 3–4 Minuten die Gassenübung vorschalten, bis sich der Hund in einer ruhigen Stimmung befindet. Erst dann beginnt die Suche. Dasselbe sollte nach Erreichen des Trailendes beachtet werden! Also keine Fließbandarbeit betreiben!

Die Fotos 1 bis 17 zeigen Trainer Swen Popic mit seinem Schäferhundrüden Aiko beim Eigentrail.

Futter- und Geruchsaufnahme

Aiko nimmt weiterhin intensiv Geruch auf.

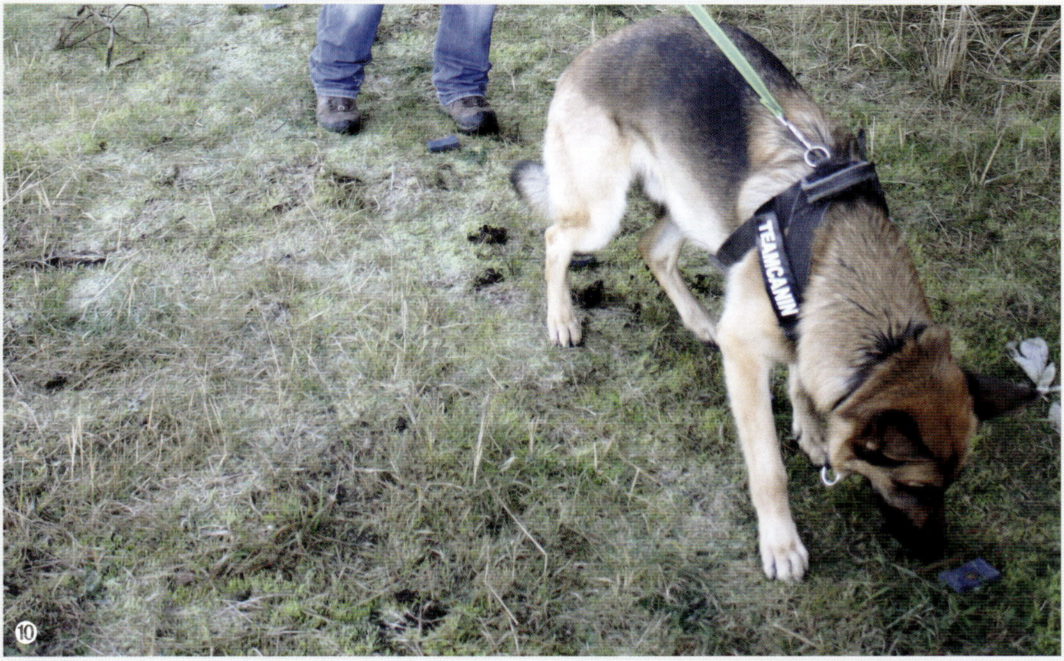

Fotos 9 bis 11: Aufnahme und Ausarbeiten der Geruchsspur.

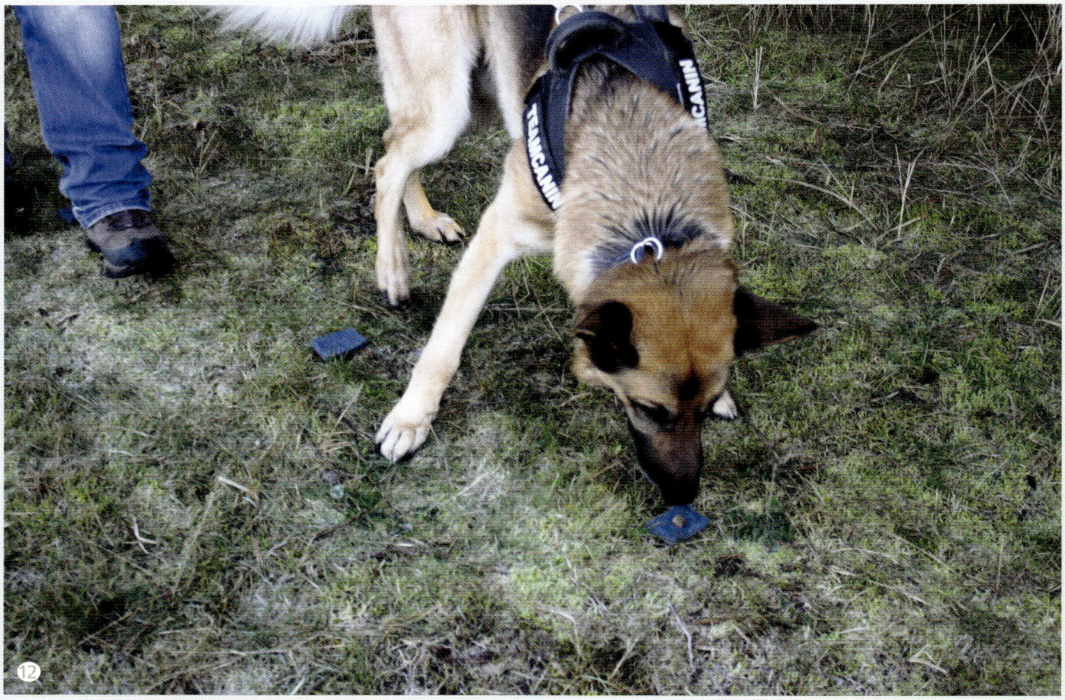

Ausarbeitung des Eigentrails durch Aiko

Aiko erreicht das Trailende (zweites Kleidungsstück).

Aiko wird mit ruhiger Stimme gelobt und erhält Futter aus dem unter dem Kleidungsstück versteckten Döschen (Fotos 14 und 15).

Wechseln der Leine von Trailgeschirr auf Halsband. Im Anschluss wird Aiko ruhig vom Suchgebiet weggeführt.

Steigerung des Eigentrail

- Die Abstände zwischen den Stoffstücken vergrößern und das Futter auf den Stofffetzen kontinuierlich immer weiter abbauen. Alternativ kann ab und zu auch z.B. ein Holzstück, ein Stein oder ein Tannenzapfen dazugelegt werden, den man zuvor kurz angefasst hat. Dieser soll als neuer Geruchsträger somit auch als Orientierungshilfe für den Hund dienen.

So hat er immer wieder einen Referenzgeruch. wenn z.B. nur noch alle 10 m ein Trail-Geruchsträger liegt. was dem Hund die Sicherheit vermittelt. auf der Spur zu sein.
- Kleine Richtungsänderungen in Form von 90-Grad-Winkeln einbauen. Richtungsänderungen sollten markiert werden, da man sonst als Hundeführer Gefahr läuft, den Winkel zu verpassen und dadurch den Hund in seiner Sucharbeit unnötig stören könnte. Dazu eignet sich z.B. Kreide, mit der man am Baum ein Kreuz aufmalt oder Wäscheklammern, die man beispielsweise an einen Ast befestigen kann.
- Vom Waldboden aus ein Stück weiter über Asphalt schleppen. Da die Geruchspartikel auf Asphalt weniger gut als auf Waldboden haften und dadurch für den Hund schwerer wahrnehmbar sind, sollte dies sorgfältig aufgebaut werden.

Irrtümer über das Trailen

Auf Seminaren oder auch im Trainer-Alltag hört man immer wieder zwei Aussagen:

1. Der Hund lernt beim Trailen das Ziehen an der Leine und ist dann nicht mehr leinenführig!
Ein Hund kann sehr wohl unterscheiden, ob er sich gerade im Arbeitsmodus befindet oder nicht.
Wenn ein Hund gelernt hat, dass er am Halsband niemals ziehen darf, kann er das unterscheiden. Des Weiteren bietet es sich an, den Hund für die Trailarbeit an einem Geschirr zu führen. Wenn er im Alltag auch an einem Geschirr laufen sollte, wäre es von Vorteil, wenn sich dieses durch die Passform deutlich von dem Alltagsgeschirr unterscheiden würde.

2. Der Hund lernt durch Trailen zu jagen.
Das stimmt definitiv nicht! Ganz im Gegenteil, der Hund lernt, andere Gerüche, wie Wildspuren von Hasen oder Rehen, auszublenden, und sich nur auf den Individualgeruch der zu suchenden Person zu konzentrieren. Auch auf Spaziergängen wird ein im Trailbereich geführter Hund entspannter werden, da er es durch die regelmäßige Auslastung nicht mehr nötig hat, ständig mit der Nase auf dem Boden zu schleifen. Außerdem wird sich durch die Bindungsstärkung dieser Arbeit der Hund gerne freiwillig in der Nähe seines Menschen aufhalten, da dieser durch die gemeinsame Beschäftigung mit dem Hund einen viel höheren Stellenwert bekommt.

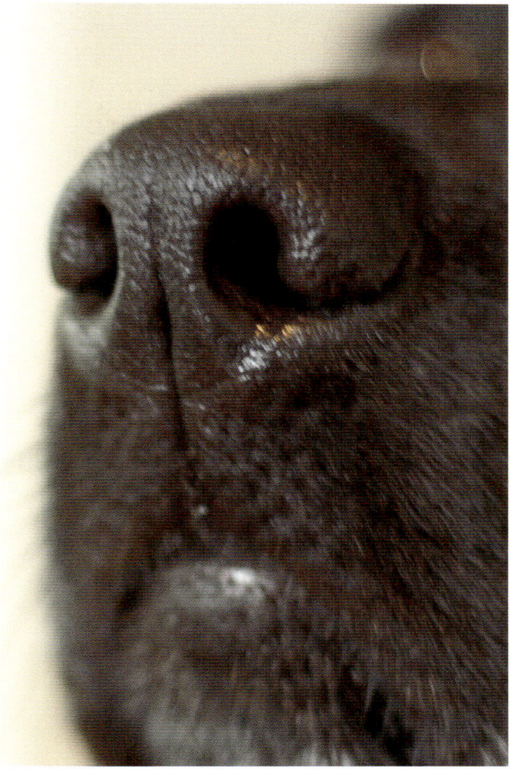

7.7.4. SniffleDog®

Wie arbeitet die Hundenase?
Hunde sind Nasentiere (Makrosmatiker), d.h. sie orientieren sich stark mit ihrem Geruchssinn. Hunde schnuppern, schnüffeln, riechen oder nehmen Witterung auf. Sie verfolgen Spuren von Wildtieren oder Menschen (z.B. beim Mantrail), sie schnuppern an Artgenossen …
Fast immer ist die Nase aktiv! Für den Hund gehört der Einsatz des Geruchssinns zum Alltag – in der Natur ist er überlebenswichtig!
Bei intensiver Nasenarbeit atmet der Hund 300-mal pro Minute ein und aus. Die Körpertemperatur kann dabei um bis zu 2 Grad Celsius steigen. Der gesamte Organismus wird durch die Nasenarbeit erfasst, d.h. die kreislaufstimulierende Sucharbeit erfordert ein Höchstmaß an Konzentration und

psychischer sowie physischer Anstrengung. Dies führt zu vielen positiven hormonellen Abläufen im Körper des Hundes und erzielt dadurch positive Synergien. Des Weiteren hat die Hundenase einen entscheidenden Vorteil: die beiden Nasenlöcher bzw. die jeweilige Riechschleimhaut können getrennt voneinander Gerüche abgleichen und werden dann wiederum auch getrennt im Riechzentrum verarbeitet. Der Hund hat also die Fähigkeit, stereo zu riechen, der Mensch nicht!

Für welche Hunde eignet sich SniffleDog®?
Vom Welpen bis zum Hundesenior, vom Kleinsthund bis zum Riesen, vom ruhigen bis zum hyperaktiven Hund – SniffleDog® ist für alle geeignet. Nicht nur für alle aktiven Hunde und Hundehalter, sondern auch für alte, kranke und ängstliche Hunde sowie Hundehalter, die durch körperliche Einschränkungen keinen aktiven Hundesport betreiben können.
Egal, ob als Auslastung für Familienhunde, Ausgleich für jagdlich ambitionierte Hunde, die bei SniffleDog® eine natürliche Veranlagung befriedigen können, oder auch als ruhige Beschäftigung für sehr aktive Hunde.
Gerade die Praxis zeigt, dass durch die intensive, ruhige und konzentrierte Arbeit mit SniffleDog® auch die sehr aktiven Hunde lernen, sich zurückzunehmen, dabei gleichzeitig durch die Kombination von Konzentration und Nasenarbeit eine hohe Auslastung des Hundes erreicht werden kann. Ein Puzzleteil, um auch im Alltag einen entspannteren Hund an seiner Seite zu haben. Auch als Gegenpol für Hunde, die durch dynamische Auslastungsformen (z.B. Agility, Flyball ...) in der ruhigen, konzentrierten Arbeit mit SniffleDog® einen Ausgleich finden. Zudem wird hierbei durch die Zusammenarbeit mit dem Menschen, also dem gemeinsamen Tun, die Mensch-Hund-Beziehung, gefördert. Die Beschäftigung geschieht mit dem Mensch und ist somit nicht rein objektbezogen. Ein weiter Vorteil ist, dass man SniffleDog® ohne großen Aufwand ausführen kann, man benötigt lediglich ein SniffleDog®-Set, 6 SniffleDog®-Becher und einen Softclicker (Softclicker unterscheidet sich durch ein leises Klangbild, da nah am Hund gearbeitet wird, zu herkömmlichen Clickern). Egal, ob im Wohnzimmer zu Hause, im Büro oder auf der grünen Wiese, jederzeit ist ein orts- und wetterunabhängiges Training alleine oder in der Gruppe möglich. Auch für Menschen mit wenig Freizeit bietet SniffleDog® eine effiziente Auslastung des Hundes.

Vorgehensweise
Bei SniffleDog® geht es darum, dass der Hund auf einen bestimmten Geruch (z.B. Kamille) konditioniert wird. Diese Konditionierung wird systematisch und qualitativ aufgebaut, um sicher zu gehen, dass der Hund den Geruch auch tatsächlich erkennt und später am SniffleDog®-Set ein Abgleich der Gerüche vornehmen kann. Ziel ist es, dass der Hund später in der Lage ist, kleinste Geruchsmengen mit Verleitungsgerüchen unter den 6 SniffleDog®-Bechern herauszufiltern und dem Hundeführer anzuzeigen. Hierfür benötigt man ein SniffleDog®-Set inklusive 6 Becher, einen Softclicker, einen Geruchsstoff (z.B. Kamillenteebeutel), kleine Futterstücke. Des Weiteren für den Hund noch Halsband und Leine (möglichst ohne störende Ringe und weitere Karabiner). Diese Arbeit wird mit Halsband und Leine ausgeführt, um zum einen eine positive Verknüpfung mit der Leine zu fördern und den Hund ruhig am Halsband vom SniffleDog®-Brett wegführen zu können.
Die Bilder Seite 115 bis 117 zeigen Franziska Baur mit ihrer Mischlingshündin Nikita.

1. Schritt

Der Hundeführer setzt hierfür den Hund in ca. 1 Meter Entfernung ab, entfernt sich rückwärts von ihm und setzt sich ihm frontal gegenüber auf einen Stuhl oder auf den Boden, je nach Größe des Hundes.

Der Clicker wird in der einen Hand gehalten und in der anderen Hand fest verschlossen 3–4 kleine, weiche Futterstücke, Foto 1.

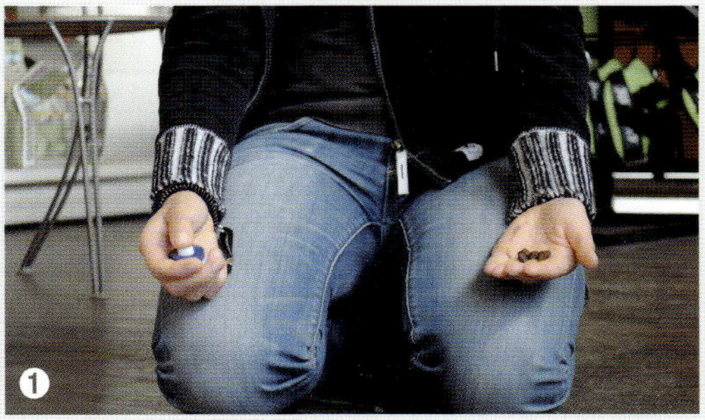

Clickerhand und Futterhand

Zunächst können die geschlossenen Hände dicht beieinander sein, bis sie sich dann jeweils rechts und links an den Außenseiten der Knie befinden.

Verhält der Hund sich ruhig, wird er mit einem Freigabe-Signal – z.B. »O.K.« – aktiviert.

Geht der Hund an die Futterhand, bleibt diese geschlossen, Foto 2.

Der Hund ist an der Futterhand.

Der Hundeführer korrigiert den Hund nicht, bleibt ruhig und mit dem Blick auf die Clickerhand sitzen. Sollte sich der Hund gegen die Futterhand und für die Clickerhand entscheiden, erfolgt ein Click und die Futterhand wird zur Clickerhand geführt. Dort erhält der Hund ein Futterstück. Die Futterhand geht danach wieder in die Ausgangsposition zurück und der Hund darf weiterarbeiten, bis alle Futterstücke durch das richtige Verhalten des Hundes erarbeitet sind, Foto 3.

Nach Lösen von der Futterhand, erfolgt die Bestätigung an der Clickerhand.

Der Hund lernt bei diesem Schritt zum einem, dass auch eine hochwertige Alternative (Futterhand) keine Ablenkung bedeutet, und zum anderen effektiv über Versuch und Irrtum das erwünschte Verhalten. Durch diese Art des Aufbaus wird mehr Beständigkeit und Zuverlässigkeit erreicht.

2. Schritt

Schritt 1 wird solange ausgeführt, bis der Hund sicher zur Clickerhand geht und die Futterhand nicht mehr beachtet.

Zeigt der Hund dieses erwünschte Verhalten, wird ein Becher mit dem entsprechenden Geruchsstoff (Kamillenteebeutel) in die Clickerhand hinzugenommen. Die Hände werden wieder nebeneinander in die ursprüngliche Position gebracht (jeweils links und rechts an den Knieaußenseiten), der Deckel des Bechers zeigt dabei nach vorne zum Hund. Der weitere Ablauf ist wie unter Schritt 1 beschrieben; sobald der Hund nach dem Freigabe-Signal mit seiner Nase den Deckel des SniffleDog®-Bechers berührt, erfolgt ein Click und die Futterhand geht zum Deckel, dort bekommt der Hund ein Futterstück, Foto 4 und 5.

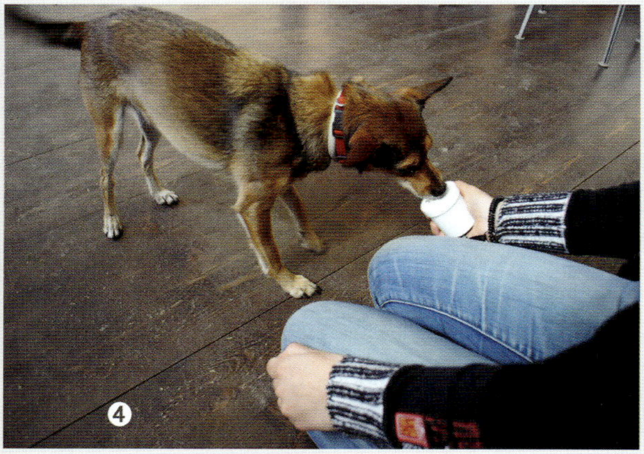

4

Geruchsaufnahme am SniffleDog®-Becher.

5

Futterbelohnung am SniffleDog®-Becher.

3. Schritt

Führt der Hund Schritt 2 zuverlässig aus, wird wie folgt gesteigert. Der SniffleDog®-Becher wird zwischen die Knie geklemmt, die Hände befinden sich wieder rechts und links neben den Knien, der Hund sitzt frontal gegenüber seinem Hundeführer, Foto 6.

6

SniffleDog®-Becher zwischen den Knie

7

Der Hund wartet auf das Freigabesignal.

In der einen Hand das Futter, in der anderen Hand der Clicker. Sobald der Hund nach dem Freigabe-Signal mit seiner Nase den Deckel berührt, erfolgt ein Click, die Futterhand geht zum Deckel und dort bekommt der Hund ein Stück Futter. Als weiterer Schritt wird nun vom Hund das »Verweilen« am Deckel, die sogenannte »Pattex-Nase«, verlangt. Der Click und das Futter erhält der Hund erst nach kurzer Verweildauer am Deckel, Fotos 8 und 9.

»Pattex-Nase« am SniffleDog®-Becher.

Berührt der Hund mit der Nase den Deckel, erfolgt ein Click, aber eine Futterbelohnung bleibt aus. Der Hund ist davon irritiert, wird dann aber erneut den Deckel berühren. Hierfür erfolgt umgehend der zweite Click und eine Futterbelohnung. Sobald der Hund die Zweifach-Clicks verstanden hat, können Mehrfach-Clicks (diese erfolgen ca. 1–3 Sek. nach Kontakt der Hundenase am Becherdeckel) erfolgen. Der Hund lernt solange mit der Nase am Becher zu verweilen, bis die Futterbelohnung erfolgt.

Futterbelohnung am SniffleDog®-Becher.

4. Schritt

Bei Zuverlässigkeit des Hundes wird begonnen, am SniffleDog®-Brett zu arbeiten.

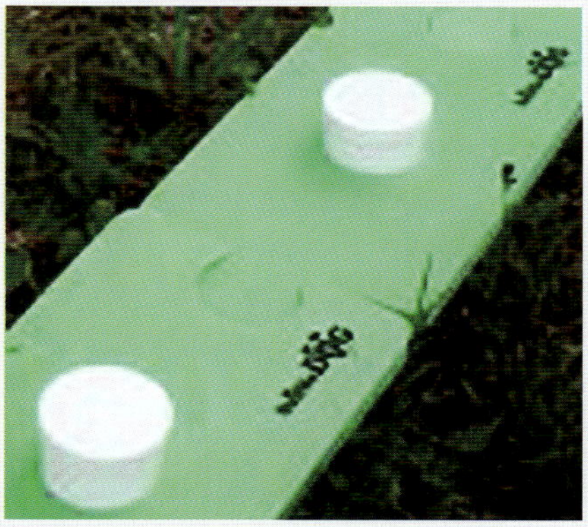

Das SniffleDog®-Brett kann hierfür, je nach Hund, auf dem Boden oder in einer Suchlage von 40–50 cm Arbeitshöhe (Bsp.: alte Hunde, verletzte Hunde …) aufgebaut werden.

Dazu wird der Becher in die erste Position am Brett gestellt. Der Hund wird hierfür mit etwas Abstand auf der linken Seite des SniffleDog®-Bretts abgesetzt. Vor dem ersten Durchgang am Brett lässt man den Hund absitzen und zeigt ihm zunächst den positionierten Becher. Der Hunde-

führer stellt sich neben seinen Hund, wartet auf Blickkontaktaufnahme des Hundes und aktiviert diesen mit dem entsprechenden Freigabe-Signal und einem Schritt mit dem linken Fuß in Richtung SniffleDog®-Brett. Dabei befindet sich die linke Körperseite des Hundeführers parallel zum SniffleDog®-Brett und der Hund wird dabei an lockerer Leine geführt. Hierbei ist darauf zu achten, dass kein unterstützendes Handzeichen in Richtung Brett gegeben wird; der Hund soll eigenständig mit der Sucharbeit beginnen und zum Becher gehen, was bei richtigem und gründlichem Aufbau auch geschehen wird, der Hundeführer bleibt dabei passiv. Verweilt der Hund mit seiner Nase am Deckel erfolgt ein Click und die Futterbelohnung am Becher. Wenn alle Futterstücke erarbeitet wurden, wird der Hund ruhig am Halsband vom Brett weggeführt und wieder in die Ausgangsposition geführt. Zu beachten ist hierbei, dass sich der Hundeführer seinem Hund genau in dem Moment annähert, in dem dieser aktiv am Becher ist. Blickt der Hund zum Hundeführer erfolgt keine Annäherung.
Als Steigerung wird ein zweiter leerer Becher in die zweite Position am Brett gestellt. Sobald der Hund am richtigen Becher mit der Nase verweilt, erfolgt der Click (als Steigerung Mehrfach-Clicks) und die Futterbelohnung am Becher. Zwischen den einzelnen Trainingsdurchgängen sollten die Becher in den Positionen getauscht werden. Diese Übung wird jeweils um einen leeren Becher erweitert, bis sich alle 6 Becher im Brett befinden (1 Becher mit entsprechendem Geruchsstoff, 5 Becher ohne Geruchsstoff) und der Hund ruhig am Brett die Becher mit der Nase absucht. Nun kann begonnen werden, Verleitungsgerüche einzubauen, beispielsweise befindet sich in einem Becher der ankonditionierte Geruchsstoff Kamille plus ein weiterer Verleitungsgeruch, z.B. Mehl, in den übrigen 5 Bechern nur Mehl. Nach und nach kann dann die Menge des ankonditionierten Geruchsstoffes minimiert und mit weiteren Verleitungsgerüchen gearbeitet werden. Sollte eine Falschanzeige seitens des Hundes passieren, d.h. nicht der Becher mit dem ankonditionierten Geruchsstoff wird angezeigt, wird dies mit einem Fehlerwort markiert und dieser Suchvorgang abgebrochen.

Der Hund erhält unmittelbar danach eine weitere Chance und wird an der Ausgangsposition für einen erneuten Durchgang angesetzt.

Anzeige durch »Pattex-Nase« am SniffleDog®-Brett.

5. Schritt

Beherrscht der Hund die vorangegangenen Trainingsschritte und die Anzeige mit minimalsten Mengen des ankonditionierten Geruchsstoffes, kann dazu übergegangen werden, mit flüssigen Stoffen zu arbeiten. Dabei wird mit dem ankonditionierten Geruchsstoff Kamille in flüssiger Form gearbeitet, zunächst in konzentrierter Form (Kamillenteekonzentrat, dafür den Teebeutel lange in Wasser ziehen lassen), dann werden bei zuverlässiger Anzeige seitens des Hundes wie bei Schritt 4 weitere Verleitungsgerüche in flüssiger Form hinzugefügt und nach und nach der Geruchsstoff Kamille weniger konzentriert eingesetzt, bis minimalste Mengen (z.B. 1 Tropfen Kamillentee) vom Hund stabil angezeigt werden.

Hinweis

Bevor zum nächsten Trainingsschritt übergegangen wird, sollte jede Übung zuverlässig vom Hund ausgeführt werden. Es wird grundsätzlich in ruhiger, konzentrierter Stimmung mit dem Hund gearbeitet. Gerade für sehr aktive Hunde ist ein Startritual und der ritualisierte Ablauf am SniffleDog®-Brett enorm wichtig. Die SniffleDog®-Durchgänge können 10–15 mal pro Einheit wiederholt werden, sollten aber variiert werden, d.h. beispielsweise 3 x 10 Minuten am Tag, 1 Tag Pause, 1 Einheit, Pause etc. Es sollte keine »Routine« für den Hund entstehen, da dies eine gewisse Erwartungshaltung beim Hund wecken würde. Um ein gewisses Leistungs- und Auslastungslevel zu erreichen, sollte man ganzjährig mit dem Hund im Training bleiben.

Die Becher und Deckel sollten regelmäßig in kochendem Wasser gereinigt werden, da durch mehrmaligen Gebrauch am Becher Eigengeruch haften bleibt. Der Becher mit dem Geruchsstoff muss gesondert von den übrigen Bechern aufbewahrt werden (z.B. in einem Ziplock-Beutel).

Da Nasenarbeit für den Hund sehr anstrengend ist, sollte dem Hund immer ausreichend frisches Wasser zur Verfügung stehen.

7.7.5. Futtermäppchen

Ein Futtermäppchen ist ein Stoffmäppchen aus Leinen, das innen eine plastikartige Beschichtung hat, damit sowohl mit Nassfutter, als auch mit Trockenfutter gearbeitet werden kann. Futtermäppchen gibt es in verschiedenen Größen und Farben. Bei der Auswahl des passenden Mäppchens sollte darauf geachtet werden, dass es der Hund gut greifen kann. Ein kleiner Terrier wird beispielsweise schnell die Lust an der Futtermäppchensuche verlieren, wenn dieses von der Größe her eigentlich für einen Labrador oder Schäferhund konzipiert ist.

Ziel der Futtermäppchensuche ist, dass ein Teil des Nahrungsbedürfnisses des Hundes über die Arbeit mit dem Futtermäppchen befriedigt wird. Das bedeutet, dass der Hund wie schon erwähnt, 1/3–2/3 seiner Tagesration an Futter über den Tag verteilt aus dem Futtermäppchen bekommt. So wird diese Arbeit für den Hund existentiell wichtig, denn fressen muss er ja schließlich, um zu überleben. Daher ist die Arbeit mit dem Futter (Trocken- oder Nassfutter) des Hundes und nicht mit Leckerchen durchzuführen.

Positive Eigenschaften und Vorteile des Trainings mit dem Futtermäppchen

- **Außenfokus und Orientierung des Hundes wird auf den Halter umgelenkt**
- **Bindung zwischen Mensch und Hund wird gestärkt**

- **Aufmerksamkeit des Hundes wird erhöht**
- **Simulation der belebten Beute/gemeinsame Jagd**
- **Erhöhung der Frustrationstoleranz/Impulskontrolle**
- **Stärkung des Selbstbewusstseins unsicherer Hunde durch Erfolgserlebnisse**
- **körperliche und geistige Auslastung durch Nasen- und Apportierarbeit**

Bevor mit dem Aufbau der Futtermäppchensuche begonnen wird, sollten man sich bewusst machen, dass der Hund nur dann effektiv suchen kann, wenn er zuvor gelernt hat, nahezu perfekt und freudig zu apportieren. Das Pferd wird quasi von hinten aufgezäumt: Das, was der Hund zuletzt tut (Apportieren), lernt er zuerst.

Erster Lernschritt:
Zuerst muss dem Hund ein Gegenstandsbezug vermittelt werden, damit er versteht, was er da eigentlich suchen soll. Dafür wird der Vierbeiner für die ersten drei Lernschritte auf jeden Fall angeleint, damit er sich mit dem Mäppchen nicht ungefragt entfernen kann. Ziel dieses Lernschritts ist es, dass der Hund seinen Halter und das Mäppchen extrem wichtig und spannend findet. Damit das auch passiert, wird der Hund zunächst mehrmals täglich während des Spaziergangs aus dem Futtermäppchen gefüttert.
Auf dem Spaziergang deshalb, weil dort die Interaktion mit dem Hund stattfindet. Dabei darf das Mäppchen dem Hund niemals frei zur Verfügung stehen, oder zu Hause einfach herumliegen. Das Mäppchen kann während des Spaziergangs z.B. unter der Jacke versteckt werden, damit der Hund es nicht sehen kann. Immer wenn das Mäppchen dann herausgeholt wird, muss auch etwas Spannendes passieren: dem Hund soll suggeriert werden, dass dieses Mäppchen ganz besonders aufregend ist und dass nur der Halter über dieses »Wundermäppchen« verfügen kann. Das Futtermäppchen wird langsam geöffnet (langsame Bewegungen erzeugen Spannung) und der Halter dreht sich anschließend von seinem Hund weg, so dass dieser das Mäppchen nicht mehr offensichtlich sehen kann. Für den Hund macht man sich auf diese Art und Weise interessant, da ihm vermittelt wird, dass man als Halter alleine mit dem Mäppchen »Spaß haben kann«. Der Hund wird nun garantiert neugierig werden, denn schließlich wäre er jetzt gerne mit von der Partie. Sobald der Hund neugierig herankommt und seinen Halter anschaut, darf er für ca. zwei bis drei Sekunden aus dem geöffneten Mäppchen fressen. Dann schiebt man dem Hund seinen Arm vor die Brust, um ihn ruhig, aber bestimmt von dem Mäppchen zu entfernen. Das steigert auch das Verlangen des Hundes. Und das ist wichtig, denn bereits jetzt sollte die Neugierde des Hundes nach eben diesem Verlangen, der Arbeit mit seinem Halter und dem Mäppchen, größer werden. Im Anschluss verschwindet das Mäppchen wieder unter der Kleidung oder in einer Tasche.
Diese kleine Übung wird zwei bis drei Mal wiederholt, so dass der Hund lernt: Immer, wenn ich mich an meinem Menschen orientiere, werde ich belohnt! Natürlich wird sich der Hund zu Beginn in erster Linie am gefüllten Mäppchen orientieren, später dann aber an seinem Halter, da dieser die spannenden Dinge des Lebens initiiert.
Sobald der Hund einen regelrechten Drang auf das Mäppchen entwickelt hat und es unbedingt haben möchte, wird damit begonnen, den zweiten Lernschritt aufzubauen, Fotos 1 bis 4, Seite 121/122.

Warten auf Freigabe durch den Hundeführer.

Das offene Futtermäppchen weckt Aikos Interesse.

Aiko folgt drangvoll dem Futtermäppchen …

… und darf dann aus dem offenen Futtermäppchen fressen.

Zweiter Lernschritt:

Nach dem der Hund nun »heiß« auf das Mäppchen ist, wird ihm genau dieses vorenthalten. Man zeigt ihm das geschlossenen Mäppchen und bewegt sich langsam von ihm weg, dabei ist es egal, ob man sich rückwärts oder seitwärts entfernt. Man beachte, dass das Mäppchen mit kleinen, schnellen und ruckartigen Bewegungen vor dem Fang des Hundes hin und her bewegt wird – er soll sich schließlich anstrengen und eine Chance haben, es auch zu bekommen. Denn nichts ist für den Hund frustrierender als zu wissen, dass er keine Möglichkeit hat, an das Mäppchen zu kommen. Wenn er nämlich erst zu dieser Feststellung gelangt ist, wird es immer schwerer werden, ihn zu motivieren. Wichtig ist nur, dass das Mäppchen sich nicht auf den Hund zubewegt, um ihn zu locken, oder es ihm sogar hinterhertragen wird und man ihn somit fast schon nötigt, es zu greifen. Das kann sogar eher dazu führen, dass der Hund zurückweicht und das Mäppchen meidet.

In der Natur drängt sich der Hase dem Hund ja auch nicht auf. Als Grundregel sollten man sich hier noch merken: das Mäppchen bei sehr aktiven Hunden eher langsam bewegen, bei trägen Hunden eher schneller.

Das Mäppchen wird nun vom Hund wegbewegt. Dieser wird sicher folgen, da er das Mäppchen ja als besonders wichtig erachtet. Das Mäppchen wird losgelassen, sobald der Hund so engagiert ist, es mit dem Fang zu greifen. Kurz bevor der Hund das Mäppchen greifen möchte, wird ein entsprechendes Hörzeichen eingeführt, z.B. »Apport« oder »Such-Mäppchen«. Dann lässt man sich das Mäppchen ein kurzes Stück nachtragen (dreißig Zentimeter bis einen Meter) und nimmt es dem Hund wieder ab. Wichtig ist, dass das Futtermäppchen dem Hund nicht aus dem Fang gerissen oder gezogen wird. Man sollte behutsam vorgehen, der Hund soll schließlich lernen, dass er umso eher an das Futter kommt, je schneller er das Mäppchen bringt, Fotos 1 bis 6, Seite 123 bis 125.

Warten auf die Freigabe durch den Hundeführer.

Greifen nach dem geschlossenen Futtermäppchen.

Nachtragen des geschlossenen Futtermäppchens.

Es ist nicht schlimm, wenn der Hund das Mäppchen fallen lässt und es nicht in die Hand gibt. Er soll zunächst lediglich lernen, das Mäppchen nachzutragen. Wenn der Hund das Mäppchen ausgegeben hat, bückt man sich, nimmt es in die Hand und öffnet es. Nun darf der Hund aus dem Beutel fressen. Sobald er dieses Prozedere zuverlässig ausführt und sich nicht mehr mit dem Mäppchen entfernen möchte, auch nicht über längere Distanzen, folgt der dritte Lernschritt.

Warten auf die Futterbelohnung.

Futterbelohnung aus dem Mäppchen.

Dritter Lernschritt:
Im dritten Lernschritt soll der Hund das Mäppchen nicht mehr aus der Hand greifen, sondern eigenständig vom Boden aufnehmen und zum Halter bringen, Fotos 1 bis 11. Dazu lässt man den Hund absitzen und stellt sich dann im Abstand von etwa zwei Metern frontal zum Hund und legt das Mäppchen zunächst einen halben Meter vor sich auf den Boden. Durch die sehr kurze Tragephase hat der Hund es zu Anfang erheblich leichter, da er nach Aufnahme des Futtermäppchen schon auf direktem Wege zu seinem Halter ist. Das Risiko, dass er versucht, sich damit aus dem Staub zu machen, ist nicht gegeben. Wenn der Hund das Mäppchen nun zuverlässig apportiert und abgegeben hat, geht man wieder langsam in die Hocke, lobt den Hund mit ruhiger Stimme und belohnt ihn aus dem Futtermäppchen.

Ist diese Trainingsvariante wieder gefestigt, kann man den Abstand des Mäppchens immer mehr in Richtung Hund verschieben, bis es direkt vor ihm liegt. Danach wird dann wieder allmählich die Distanz zwischen Hund und Halter vergrößert, was gleichzeitig bedeutet, dass man dann das Mäppchen wieder näher zum Hundehalter legt, also immer von leicht nach schwer arbeiten. In weiter fortgeschrittenem Trainingsstadium kann man den Hund vor dem Apport auch mal ins Platz legen oder stehen lassen, den Gegenstand spannungsvoll auf den Boden legen und sich dann ganz langsam entfernen, um daraufhin das Hörzeichen zum Apport zu geben. Das bringt Abwechslung und hält die Motivation des Hundes hoch, denn er wird immer bestrebt sein, schnell und freudig zum Halter zu kommen.

Das Mäppchen liegt zwischen Hund und Mensch.

Nach erfolgter Freigabe: Greifen, Aufnehmen und Abgeben des Futtermäppchens ...

... in Richtung des Hundeführers, mit abschließender Futterbelohnung, Fotos 2 bis 11, Seite 128 bis 132.

TEAMCANIN

TEAMCANIN

TEAMCANIN
10

TEAMCANIN
11

Vierter Lernschritt:
Wenn der Hund den dritten Lernschritt perfekt beherrscht, kann man dazu übergehen, den Hund geradeaus vom Halter weg zum Apportieren zu schicken, Fotos 1 bis 7, Seite 133 bis 136. Dazu bringt man den Hund neben sich in Sitzposition und signalisiert ihm das Hörzeichen »Bleib«, um das Futtermäppchen in einer Entfernung von ca. 2–3 Meter vor dem Hund sichtbar und idealerweise an einen Baum oder einen Zaun gelehnt auszulegen. So gerät der Hund nicht in Versuchung, mit dem Mäppchen weiter geradeaus zu laufen, sondern es zu greifen und schnell zurückzubringen. Ist das Futtermäppchen ausgelegt, begibt man sich zurück zu seinem Hund, um neben ihm in Position zu gehen und ihn mit einer klaren geradeaus zeigenden Handbewegung und einem Signalwort »Apport« oder »Such-Mäppchen« zum Futtermäppchen zu schicken. Der Hund entfernt sich jetzt also vom Halter weg, was in den vorangegangenen Lernschritten ja gerade umgekehrt praktiziert wurde. Wenn man das Apportieren wie in diesen vier Lernschritten beschrieben aufbaut, wird man ein sauberes und zuverlässiges Apportieren des Hundes erzielen, da der Hund von Anfang an lernt, das Futtermäppchen auf den Hundehalter zuzutragen.

Trainingsvariante Futtermäppchensuche:
Im vierten Lernschritt geht es um leichte Suchen, die ihr Hund jetzt ohne Leine bewältigen darf, weil er das Apportieren ja schon generalisiert hat. Wichtig ist dabei, dass diese Suchen wirklich leicht sind, damit der Hund keine Fehler machen kann und ihm nicht geholfen werden muss. Um dem Hund von Anfang an beizubringen, dass er räumlich suchen soll, denkt man sich beim Auslegen des Futtermäppchens drei Fixpunkte: vor dem Hund, links und rechts von ihm. Zwischen den Punkten sollte es einen Abstand von ca. zehn Metern geben. Wenn der Hund das Mäppchen in diesem Umfeld zuverlässig findet, kann damit begonnen werden, die Fixpunkte zu verschieben und somit die Abstände zu vergrößern. Der Hund lernt so, eine Fläche immer gleichmäßig abzusuchen und dass das Mäppchen mal nah dran und mal weit weg liegen kann. Der Vierbeiner wird dann von sich aus eigenständig links suchen, wenn er rechts nichts findet. Das Futtermäppchen selbst ist zu diesem Zeitpunkt noch bei jeder Suche voll mit Futter und riecht immer noch stark, damit der Hund lernt, seine Nase einzusetzen. Erst wenn er wirklich sicher und zuverlässig mehrere Minuten sucht, kann die Futtermenge im Mäppchen langsam verringert und dafür mehr Futter aus einer kleineren Plastikdose gefüttert werden. Wenn man schließlich nur noch mit einer sehr geringen Futtermenge arbeitet, ist kurz danach auch der Punkt erreicht, an dem man seinen Hund komplett aus einer kleineren Plastikdose bestätigen kann. Das bedeutet, dass der Hund zwar weiterhin das jetzt leere Futtermäppchen sucht, man ihn aber komplett aus einem anderen Bereich bestätigt. Wenn man das Geruchsbild noch deutlicher reduzieren möchte, kann das Mäppchen auch ausgekocht werden.

Vierter Lernschritt: Im vierten Schritt geht man dazu über den Hund nach vorne zu schicken um das Mäppchen zu apportieren. Dazu wird der Hund neben seinem Halter in »Sitzposition« gebracht und mit dem Hörzeichen »Apport« zum Futtermäppchen geschickt. Das Mäppchen lehnt vorzugsweise an einem Baum, um dem Hund nach dem Greifen des Mäppchens nicht zum Weiter-Geradeauslaufen zu verleiten (Fotos 1 bis 7).

5

TEAMCANIN
6

TEAMCANIN
7

8 | VERHALTENSUMLENKUNG

Durch den kompletten Aufbau dieser einzelnen Bestandteile ist der Hundehalter jetzt in der Lage, das entscheidende Puzzleteil zu erarbeiten, das dem Hund vermittelt, dass Jagen nicht die richtige Wahl ist und dass bestimmte Dinge nicht mehr zum Beuteschema gehören. Das ist die sogenannte Verhaltensumlenkung. Der Hund soll bei Reizlagen, die bisher Jagdverhalten ausgelöst haben, lernen, dass er stattdessen eine Alternativhandlung zeigen soll. Wenn der Hund z.B. bei Sicht von Wild ins Hetzverhalten kommt, soll er durch die Verhaltensumlenkung lernen, dass Wild nicht mehr zum Beuteschema gehört und er stattdessen Kontakt zum Hundeführer aufnehmen soll.

Diese Verhaltensumlenkung ist auf unterschiedliche Arten zu erreichen. Zwei häufig verwendete Möglichkeiten sind:

- Die anonyme Störung bei Sicht oder Geruch von auslösenden Reizen (Sicht bzw. Geruch von Wild) und anschließendem Signal für Alternativverhalten, z.B. Rückruf. Dies bedeutet, dass der Hund gleich zu Beginn, sobald er den Reiz registriert hat, seinem Wesen und seiner Art angepasst, gestört wird. Dies geschieht durch störende Leinenimpulse, verbunden mit einem im Vorfeld etablierten Rückrufsignal, wenn der Hund ansprechbar ist.
- Sollte bereits ein sehr gutes Tabu- bzw. Unterbrechungs-Signal aufgebaut sein, ist es ebenso möglich, das Unterbrechungs-Signal direkt anzuwenden, sobald der Hund den bisher auslösenden Reiz registriert hat. Wichtig ist auch hier, dem Hund gleich im Anschluss des Unterbrechungs-Signals ein Alternativverhalten, z.B. den Rückruf, anzubieten. Ist dieses Unterbrechungs-Signal sehr gut aufgebaut worden, dann ist es möglich, dass der Hund anstatt seinem Instinktverhalten zu folgen, das vorab erlernte Verhalten zeigt und bei Sicht oder Geruch von Wild den Kontakt zum Hundeführer sucht.

Es gibt noch eine andere Möglichkeit der Verhaltensumlenkung. Im Einzelfall werden besondere Talente von Hunden gefördert, wie z.B. beim Vorstehhund. Bei diesem Hund ist das Merkmal des Vorstehens besonders gut ausgeprägt. In diesem Fall wird das Vorstehen bis auf Perfektion hin gefestigt, bis der Hund beim Anblick von Wild regelrecht erstarrt und an Ort und Stelle abgeholt werden kann.

Welche Form der Verhaltensumlenkung gewählt wird, ist auf das jeweilige Mensch-Hund-Team abzustimmen. Nicht jede Art ist bei jedem Hund grundsätzlich möglich.

Durch ein fundiertes Antijagdtraining lernt jeder Hundehalter seinen Hund wesentlich besser kennen und ist dann, wenn die Entscheidung ansteht, welche Form der Verhaltensumlenkung passt, in der Lage zu entscheiden. Bei TEAMCANIN wird das Auge des Hunde-

halters geschult, damit er möglichst frühzeitig erkennt, wann der Hund ins Jagdverhalten kommt. Für das Training wird mit unterschiedlichsten Gerüchen von Wild gearbeitet und für die Bewegungsreize eine Hasenzugmaschine eingesetzt. Dabei wird mit Videosequenzen das Verhalten des Hundes dokumentiert und nach dem Training analysiert, damit der Hundehalter seinen Hund auch optimal interpretieren kann.

Wir wünschen Ihnen mit Ihrem Hund ganz viel Freude und Erfolg beim Training.

Ihr Uwe Friedrich,
Christine Durm
& Swen Popic

Kontaktadresse von Uwe Friedrich

Hundezentrum TEAMCANIN
Untere Bachstr. 46
70794 Filderstadt
E-Mail: kontakt@teamcanin.com

Trainingsgelände
SV OG Ditzingen
Dontental
71254 Ditzingen